FORSCHUNGSBERICHTE DES LANDES NORDRHEIN-WESTFALEN

Nr. 1753

Herausgegeben
im Auftrage des Ministerpräsidenten Dr. Franz Meyers
vom Landesamt für Forschung, Düsseldorf

DK 669.431.046.58:015.92:244.82:348.2:448.2

Prof. Dr.-Ing. Helmut Winterhager
Dr.-Ing. Roland Kammel

Institut für Metallhüttenwesen und Elektrometallurgie
der Rhein.-Westf. Techn. Hochschule Aachen

Über die Metallgehalte in den Schlacken des Bleischachtofenprozesses und ihr Verhalten im elektrischen Feld

SPRINGER FACHMEDIEN WIESBADEN GMBH

ISBN 978-3-663-06436-7   ISBN 978-3-663-07349-9 (eBook)
DOI 10.1007/978-3-663-07349-9

Verlags-Nr. 011753

© Springer Fachmedien Wiesbaden 1966
Ursprünglich erschienin bei Westdeutscher Verlag, Köln und Opladen 1966

Inhalt

Die Metallgehalte der Bleischachtofenschlacken 8

Über die Art der Metallverluste in den Schlacken 10

Wanderung von Metall- und Sulfidtröpfchen in Silikatschlacken unter dem Einfluß von elektrischen Feldern 24

Versuchsaufbau; Versuchsdurchführung 27

Versuchsergebnisse 30

Elektrokinetisches Verhalten von Sulfiden und Metallen in Kalk–Tonerde–Silikatschmelzen 32

Das elektrokinetische Verhalten von Sulfiden und Metallen in eisenoxydulhaltigen Schlackenschmelzen 37

Zusammenfassung 42

Literaturverzeichnis 43

Bei der reduzierenden schmelzmetallurgischen Verhüttung sinternd abgerösteter Bleierze und bleihaltiger Vorstoffe im Schachtofen auf Werkblei treten Metallverluste auf durch Verstäubung, Verzettelung und Verdampfung sowie durch die in den abgesetzten Endschlacken der Prozesse verbleibenden nutzbaren Metallinhalte. Aus den Metallbilanzen der Hüttenprozesse ist zu ersehen, daß die von der Arbeitsweise, den betrieblichen Einrichtungen und insbesondere Flugstaubrückgewinnungsanlagen in weitestgehendem Maße abhängigen drei erstgenannten Verlustarten zum überwiegenden Teil lediglich das unmittelbare Metallausbringen verringern. Die Metallverluste in den Schlacken stellen demgegenüber meist nicht vermeidbare und endgültige Metallabgänge dar, welche nur in den Fällen, wo genügend hohe Metallinhalte eine weitere Aufbereitung bzw. Nachbehandlung wirtschaftlich rechtfertigen, wiedergewonnen werden können. Besonderes Interesse kommt daher solchen physikalischen oder chemischen Methoden zu, welche die Abtrennung der nutzbaren Metalle und Metallverbindungen in einem Maße zu beschleunigen vermögen, daß in dem Zeitintervall vom Abstich bis zur Erstarrung der Schlacken eine weitgehende Rückgewinnung ermöglicht wird.

Die Metallgehalte der Bleischachtofenschlacken

Eine Übersicht über die Konzentrationsbereiche der Schlackenbildner und NE-Metallinhalte von Bleischachtofenschlacken gibt Tab. 1 wieder. Diese Angaben beziehen sich auf Analysenwerte 40 in- und ausländischer Bleischachtofenschlacken, deren Viskositäts- und Leitfähigkeits-Temperaturverhalten im Rahmen früherer Institutsarbeiten [1, 2] näher untersucht wurden.

Tab. 1 Zusammensetzungen der Bleischachtofenschlacken (in Gew.-%)

SiO_2	FeO	CaO	Al_2O_3	MgO
20–30	20–45	10–20	0–10	1–6
Zn	Pb	Cu	Ni	Co
1,5–19,5	0,6–3,5	0,2–0,8	< 0,1	< 0,2
Sn	Sb	As	Mn	Ag g/t
0,3	0,03–0,25	0,03–0,3	< 2,0	3–20

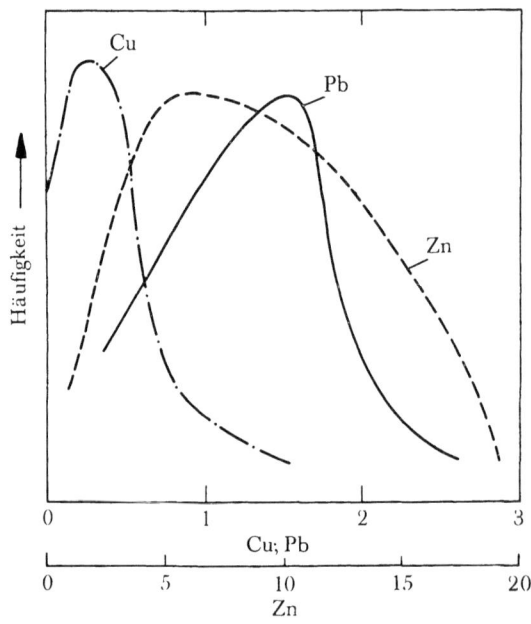

Abb. 1 Häufigkeit der Metallverluste in Bleischachtofenschlacken

Aus der in Abb. 1 wiedergegebenen Häufigkeitsverteilung der Blei-, Kupfer und Zinkgehalte in den vorgenannten Betriebsschlacken ist zu ersehen, daß die Bleiinhalte in der Mehrzahl der Schlacken bei Werten um 1,5% liegen, die Kupfergehalte um 0,5% variieren und sich für die Zinkkonzentrationen ein Streubereich bis zu Gehalten um 18% Zn ergibt. Der mengenmäßige Anteil der übrigen Begleitmetalle, wie Zinn, Antimon, Arsen, Kobalt, Mangan, Silber und Gold, ist demgegenüber von untergeordneter Bedeutung.

Tab. 2 Blei- und Kupferbilanz einer Bleischachtofenkampagne

Eintrag	Austrag					
Metall	Werkblei		Schlacke		Flugstaub	
tato	tato	(%)	tato	(%)	tato	(%)
Blei 150	140	93,5	2,9	1,9	3,3	2,2
Kupfer 3,2	2,4	75,0	0,4	12,5	–	–

Über die in Betracht kommenden Verlustmengen an Blei und Kupfer in den Schlacken gibt das in Tab. 2 aufgeführte Beispiel einer 47tägigen Bleischachtofenkampagne Aufschluß. Aus dieser Metallbilanz wird ersichtlich, daß bei einem erzielten unmittelbaren Werkbleiausbringen von 93% die in den Schlacken enthaltenen Bleimengen etwa die Hälfte der erfaßbaren Bleiverluste ausmachen. Das unmittelbare Ausbringen der Begleitmetalle Kupfer, Zinn und Antimon liegt meist wesentlich niedriger (z. B. Kupfer > 80%), und die Schlackenverluste können – bezogen auf den Metallvorlauf in den Erzen – > 10% (z. B. Kupfer 10–24%, Zinn ca. 18%, Antimon ca. 14%) betragen. Zink geht – abgesehen von gewissen Verdampfungs- und Verzettelungsverlusten – in oxidischen oder sulfidischen Bindungsformen in die Schlacke. Werden die Bleischachtofenschlacken in einem nachgeschalteten Prozeß entzinkt, so können bei einem durchschnittlich erreichten Zinkausbringen um 90% gleichzeitig über 95% des Bleiinhaltes der Schlacken ausgebracht werden.

Über die Art der Metallverluste in den Schlacken

Im Schrifttum wird bekanntlich ganz allgemein zwischen drei Arten von Metallverlusten in den Schlacken unterschieden, und zwar zwischen Metallanteilen, die durch mangelhaftes Absetzen suspendiert oder emulgiert in den Schlacken verbleiben (sogenannte mechanische Verluste); Metallinhalten, die auf eine Löslichkeit der Metall-, Speise- und Steinphasen in den Schlackenschmelzen zurückzuführen sind (sogenannte physikalische Verluste) und ferner Metallverlusten, die durch Verschlackung von oxidischen Metallanteilen zu Silikaten u. a. m. (sogenannte chemische Verluste) verursacht werden.

Tab. 3 Bleibindungsformen in Bleischachtofenschlacken

Schlacken:	Tooele [3]	Trail [3]	Kellog [3]	N. A. [4]	Stolberg	Hoboken	Halsbrücke
Zus. [Gew.-%]							
SiO_2	23,0	20,5	25,0	27,9	23,8	21,8	30,5
FeO	28,5	35,0	32,5	32,5	33,1	25,2	43,2
CaO	15,8	9,2	13,5	11,6	17,5	16,4	7,4
Al_2O_3	4,3	4,8	5,0	3,6	2,0	3,9	5,0
MgO	3,5	1,2	1,3	2,0	0,3	4,1	–
Zn	15,6	17,1	13,1	10,6	15,5	13,6	6,0
Pb	1,6	2,8	1,5	1,5	1,2	1,2	1,8
Cu	0,3	0,2	–	0,5	0,2	0,5	0,3
S	1,2	2,8	2,2	1,7	2,0	1,2	2,2
Blei-Vert. [%]							
Pb (Metall)	14,7	65–80	7,2	18	86	20	42
Pb (Oxid)	24,3	10–20	21,4	8	9	79	27
Pb (Sulfid)	61,0	7–10	71,4	74	5	1	31

In Tab. 3 zusammengefaßte Ergebnisse aus dem Schrifttum bekannter und eigener Bestimmungen der Bleibindungsformen in verschiedenen Bleischachtofenschlacken lassen erkennen, daß je nach den betrieblichen Arbeitsbedingungen die Gehalte an verschlacktem PbO und gelöstem oder emulgiertem PbS und Pb in weiten Grenzen variieren können.

Nach MEYER und RICHARDSON [5] ist bei Temperaturen um 1500°C in den Bleischachtofenschlacken etwa 0,1 Gew.-% Blei löslich. Die Löslichkeit nimmt jedoch mit fallender Temperatur rasch ab. Untersuchungen von WIESE [4] über die Löslichkeit von Sulfiden und Sulfidgemischen in synthetischen und technischen Schlackenschmelzen zeigten, daß – abhängig von der Zusammensetzung der Stein- und Schlackenphasen – mit steigender Temperatur und zunehmenden Metallgehalten in den Steinen Sulfidlöslichkeiten von einigen Prozent erreicht werden können.

Schwierig zu beantworten bleibt die Frage nach der mengenmäßigen Verteilung der Metallinhalte auf die einzelnen Verlustarten im schmelzflüssigen Zustand unter den betrieblichen Verhältnissen. Während RICHARDSON und PILLAY [6] sowie KVJATKOVSKIJ und Mitarbeiter [7] bei ihren Untersuchungen an Bleischachtofenschlacken feststellten, daß Bleiverluste bis zu etwa 0,8 Gew.-% als Folge chemischer Metallbindung (PbO) anzusehen sind und erst höhere Bleikonzentrationen als mechanische Verluste auftreten, liegt laut Tafel [8] und nach den Versuchsergebnissen von WIESE [4] die Hauptmenge des Bleies in Form von gelöstem oder nicht abgesetztem Stein vor. RODJAKIN [9], LIPIN [10] sowie RASIN und CHETAGUROV [11] folgern demgegenüber auf Grund verschiedener Probeentnahmen aus Vorherden, Untersuchungen an langsam sowie rasch abgekühlten und granulierten Schlackenproben, daß die Metallinhalte der schmelzflüssigen Schlacken überwiegend in Form von Emulsionen mit Tröpfchendurchmessern von 0,001 bis 0,2 mm vorkommen. Mineralogisch-petrographische Untersuchungen [11] ergaben, daß Bleiglanz (PbS), Eisensulfid (FeS), Kupfersulfid (Cu_2S und CuS), Buntkupferkies (Cu_5FeS_4), Kupferkies ($CuFeS_2$) und Zinkblende (ZnS) einzeln oder vergesellschaftet als mengenmäßig wichtigste Steinkomponenten auftreten können. Die meist kugelförmigen Steineinschlüsse enthalten häufig in der Zentralzone Cu, Pb sowie Ag und sind vielfach von einer punktförmig mit Pb, PbS oder Erzteilchen durchsetzten dünnen Magnetitschicht umgeben.

Bestimmungen von EDWARDS [12], OLDRIGHT und MILLER [13] sowie MANSON und SEGNET [14] zufolge sind die Bleiverluste in den von ihnen untersuchten Schlacken vor allem auf emulgiertes metallisches Blei zurückzuführen. RUDDLE [3] und WIESE [4] diskutieren eingehender eine Reihe von Vorgängen und Faktoren, die zur Bildung der Metallverluste führen und einen Einfluß auf die Bindungsformen und Verteilung der Metallinhalte von Schlacken auszuüben vermögen.

Für die Auswahl geeigneter Verfahren, die eine weitgehende Senkung oder Rückgewinnung der nutzbaren Metallinhalte ermöglichen, ist die Kenntnis des in den Schlacken vorlaufenden Mineralbestandes und insbesondere der Bindungsformen der Metallverluste eine wesentliche Voraussetzung. Die Tatsache, daß die Schlackenmineralien infolge andersartiger Entstehungsbedingungen einen ganz anderen Chemismus als natürliche Mineralien aufweisen können, erschwerte bisher deren genaue Identifizierung nach herkömmlichen mineralogischen, röntgenographischen und chemisch-analytischen Methoden. Im Rahmen von Voruntersuchungen wurde daher versucht, durch Bestimmungen der räumlichen Verteilungen der Elemente mittels eines Elektronenstrahl-Mikroanalysators (Gerät: X-Ray Scanning Microanalyser – Microscan Typ Mark II A – der Fa. Cambridge Instruments Ltd.) näheren Aufschluß über die Bindungsart der Metallinhalte von Schlacken zu gewinnen.

Als Ausgangsmaterialien für diese Untersuchungen dienten die in Tab. 3 aufgeführten Bleischachtofenschlacken der Stolberger Zink AG sowie Schlackenproben der Bleihütten Hoboken und Halsbrücke. Während die beiden zuletzt genannten Schlacken im Anlieferungszustand zur Untersuchung gelangten, wurde die Stolberger Bleischachtofenschlacke unmittelbar am Abstich gezogen und ein

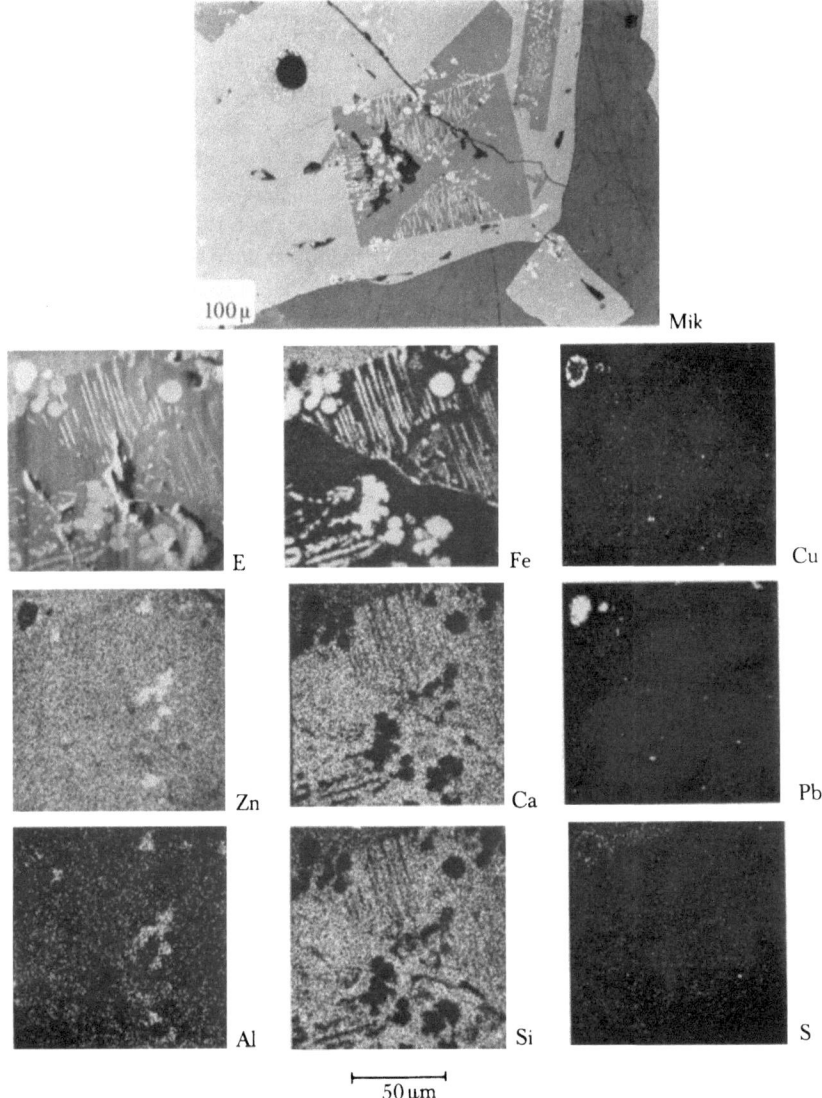

Abb. 2 Bleischachtofenschlacke der Bleihütte Binsfeldhammer
der Stolberger Zink AG
(in Wasser granulierte Probe)

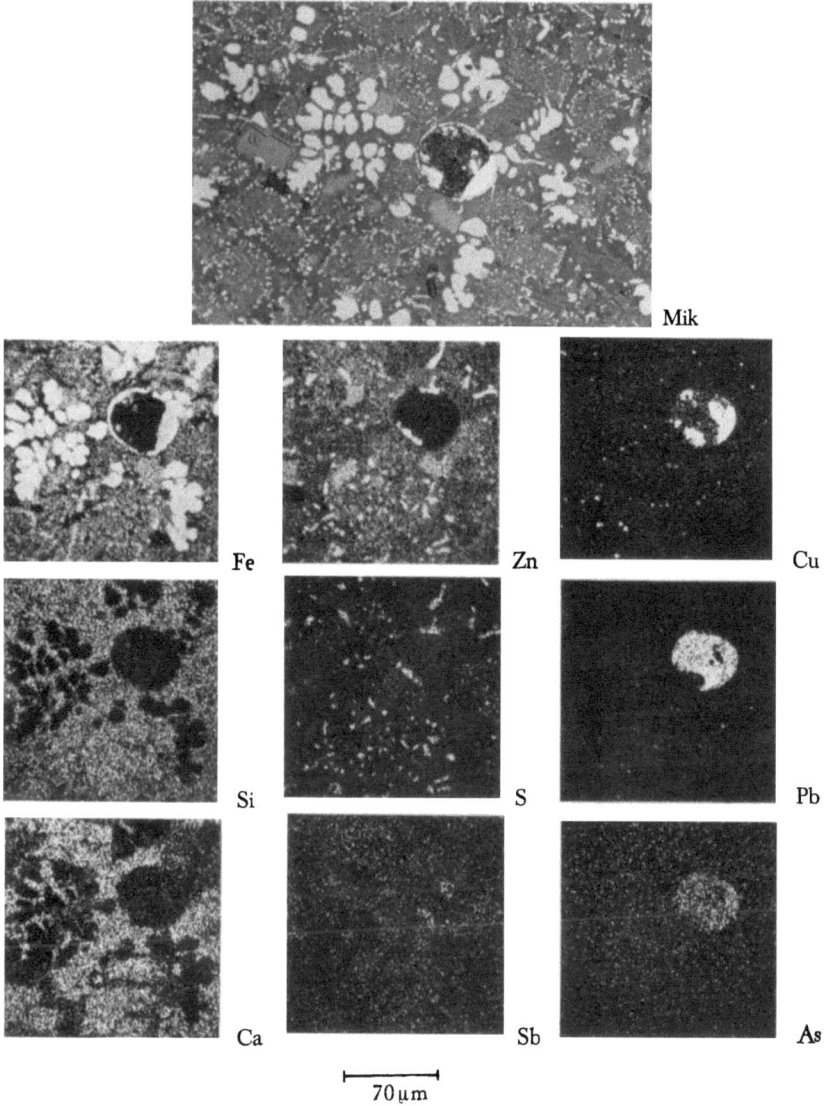

Abb. 3 Bleischachtofenschlacke der Bleihütte Binsfeldhammer
(langsam erstarrte Probe)

Teil der Probenmenge in Wasser granuliert. Die restliche Schlackenmenge erstarrte langsam in einer vorgewärmten Kokille.

Die in der Bilderreihe 2 wiedergegebene lichtmikroskopische Übersichtsaufnahme (Mik) der in Wasser granulierten Bleischachtofenschlacke zeigt, daß in der Probe die glasige Grundmasse überwiegt. Unregelmäßig über den Anschliff verteilt sind lediglich einige, an ihrer sogenannten »Sanduhrstruktur« leicht identifizierbare

13

Melilithkristalle [isomorphe Mischungsglieder des Typs 2 (CaO · (FeO, MnO, ZnO) · 2 SiO$_2$] zu verzeichnen. Elektronenstrahl-mikroanalytische Untersuchungen des im Elektronenbild E wiedergegebenen Probeabschnitts lassen erkennen, daß in der tafeligen Kristallform der Melilithe neben rundlichen, zink- und eisenreichen sowie zink- und tonerdereichen Spinellphasen, Magnetit in Form von Schnüren orientiert eingewachsen ist. Aus den Röntgenemissionsbildern der Elemente Kupfer und Blei ist zu entnehmen, daß die in der Glasphase und in den Kristalliten vorlaufenden Metallverluste tröpfchenartige Erstarrungsformen aufweisen.

In Abb. 3 zusammengestellte lichtmikroskopische und elektronenstrahl-mikroanalytische Anschliffuntersuchungen der langsam erstarrten Stolberger Schlacke zeigen, daß das Probenmaterial überwiegend kristallin erstarrte. Aus der in den Röntgenemissionsbildern ersichtlichen Verteilung der Hauptelemente geht hervor, daß als großflächigere Schlackenmineralien Magnetitkristallite in enger Verwachsung und zinkreichen Spinell-Phasen vorherrschen. Ferner sind, über die gesamte silikatische Schlackenmasse verteilt, feine stäbchenartige Zinkanreicherungen in sulfidischer Bindungsform zu erkennen. Als charakteristisches Beispiel für die Mehrzahl der in dieser Schlacke mikroskopisch festgestellten Metallverluste läßt der in Abb. 3 sichtbare Einschluß erkennen, daß die nutzbaren Metallinhalte überwiegend in metallischer Form mit Tröpfchendurchmessern < 0,1 mm vorliegen. Elektronenstrahl-mikroanalytisch nicht nachweisbar waren die in der Schlacke gelösten oder verschlackten Blei- und Kupfergehalte.

In guter Übereinstimmung mit diesen Anschliffuntersuchungen sowie der naßchemischen Konstitutionsanalyse ergaben Versuche bei 1200°C im Tonerdetiegel, daß bereits durch kurzzeitiges Abstehenlassen der Schlackenschmelzen über 70% der Bleiverluste in metallischer Form ausgebracht werden können.

Neben diesen gröberen Metallverlusten sind häufig feinste Metalleinschlüsse und Steinpartikel in enger Verwachsung mit den Erstkristallisationen der Schlacken festzustellen. Als Beispiel solcher Verluste ist in Abb. 4 ein Probenabschnitt der gleichen Schlacke wiedergegeben, in dem neben einer Vielzahl kleiner Magnetit- und Spinelldendriten scharfkantig ausgebildete, größere Spinellkristallite auftreten. Die Röntgenemissionsbilder zeigen, daß es sich bei diesen Phasen um Zn-, Fe- und Cr-haltige Mischungsglieder der Tonerdespinelle handeln dürfte, die vermutlich auf Chargenzusätze von sogenanntem »Ofenbruch« zurückzuführen sind. Die Anreicherungen von Metall- und Steinpartikeln im Bereich solcher Kristallite lassen vermuten, daß durch die erheblich oberhalb des Erstarrungsintervalls der Schlackenschmelze beginnende Bildung fester Oxidphasen oder durch nicht aufgeschmolzene Beschickungsbestandteile feindisperse Metallinhalte am Absinken und Zusammenfließen gehindert werden.

Einen qualitativen Überblick über die Zusammensetzung der in den Schlacken vorlaufenden tröpfchenartigen Metallverluste geben die in Abb. 5 zusammengefaßten Untersuchungsergebnisse. Die Röntgenemissionsbilder zeigen, daß es sich bei den Einschlüssen um Werkblei mit den Hauptverunreinigungen Kupfer, Arsen und Antimon handelt. Infolge der beschränkten Löslichkeit dieser Verunreinigungen bilden sich bei der Abkühlung Seigerprodukte (sogenannte Kupfer-

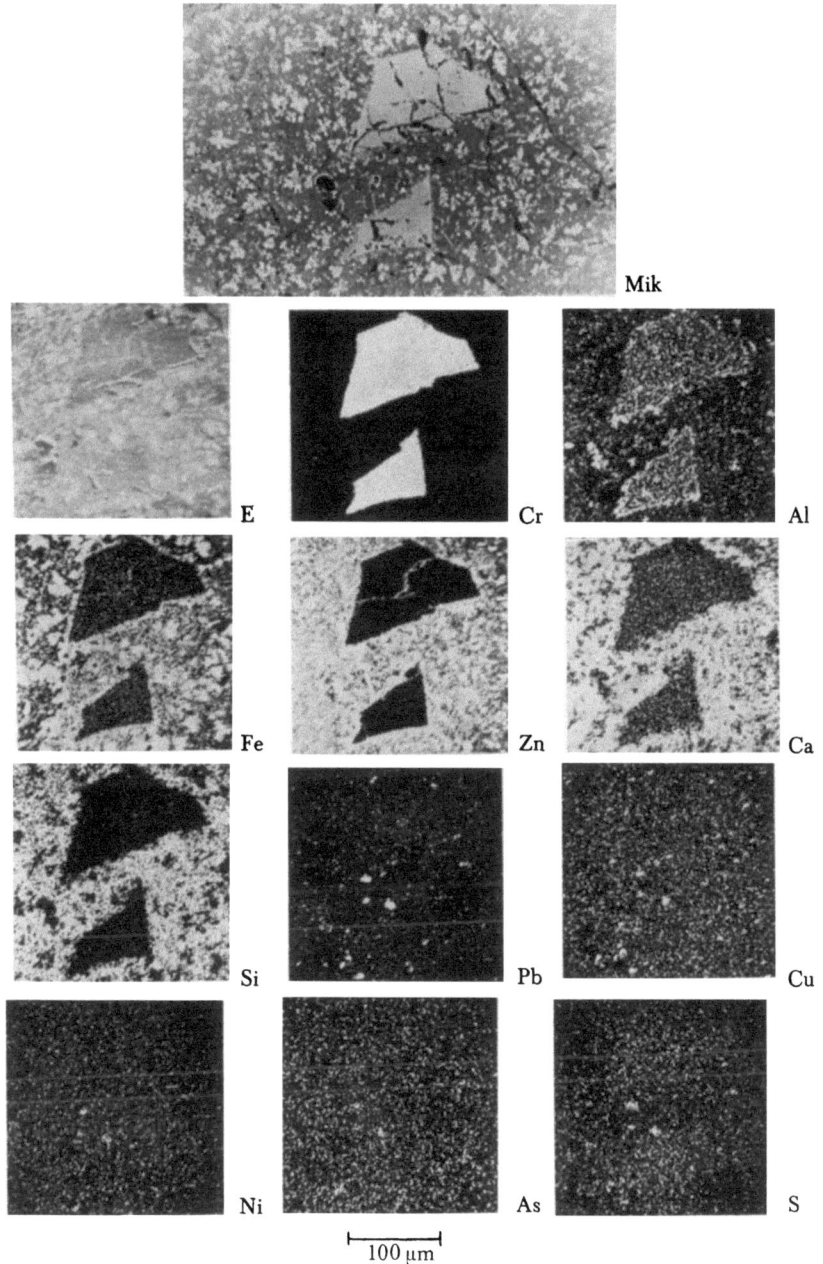

Abb. 4 Bleischachtofenschlacke der Bleihütte Binsfeldhammer
(langsam erstarrte Probe)

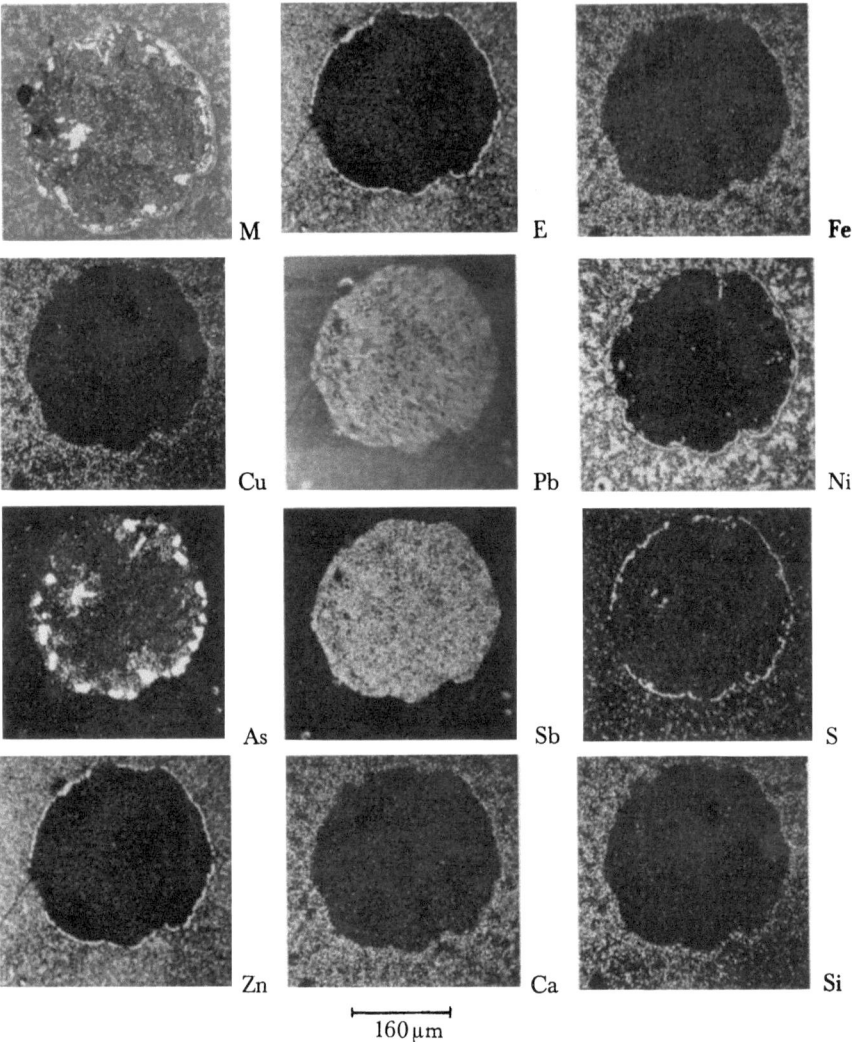

Abb. 5 Werkbleitropfen in der Bleischachtofenschlacke
der Bleihütte Binsfeldhammer

schlicker), die neben metallischen Anteilen auch Stein- und Speisephasen enthalten können.
Über die räumliche Verteilung der Elemente in Schlacken der Bleihütten Hoboken und Halsbrücke, deren Metallinhalte durch Abstehenlassen in Schlackenkübeln bzw. beim Durchlaufen eines Vorherdes herabgesetzt wurden, geben die in Abb. 6, 7 und 8 zusammengefaßten lichtmikroskopischen und elektronenstrahl-mikroanalytischen Aufnahmen näheren Aufschluß. Die Untersuchungsergebnisse lassen erkennen, daß neben den unregelmäßig über die Schlacke verteilten Blei-

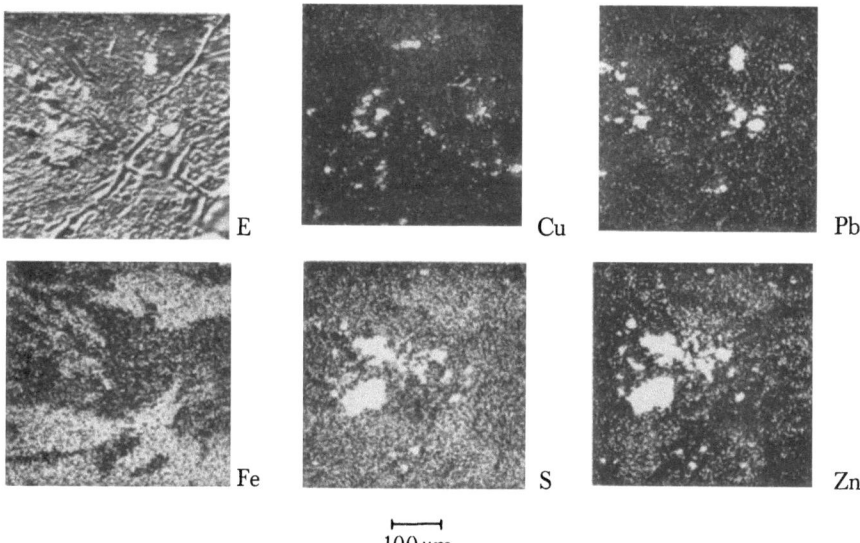

Abb. 6   Bleischachtofenschlacke der Bleihütte Hoboken

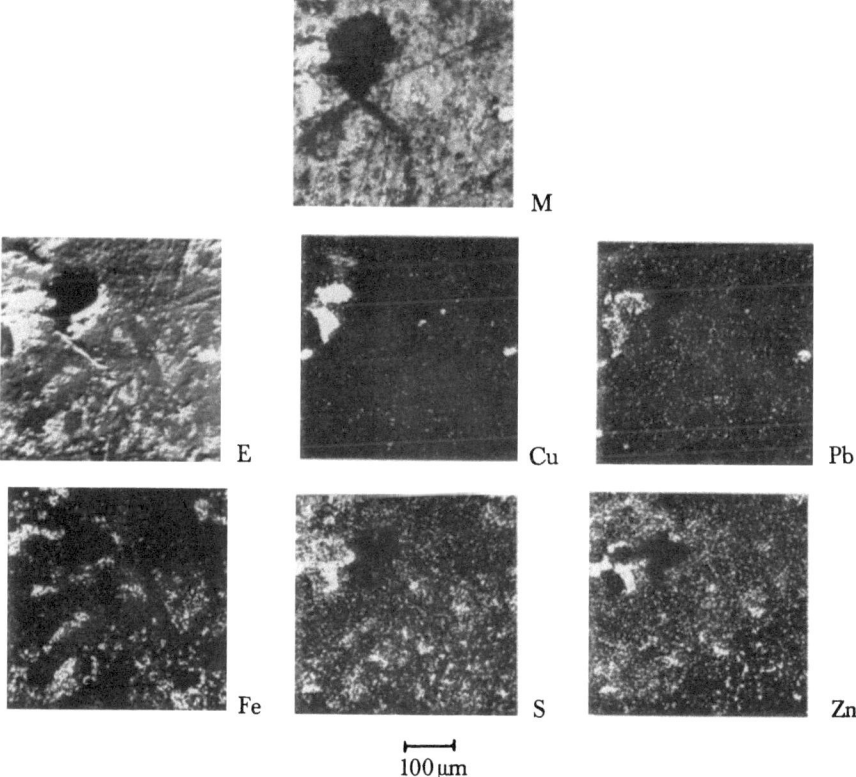

Abb. 7   Bleischachtofenschlacke der Bleihütte Halsbrücke

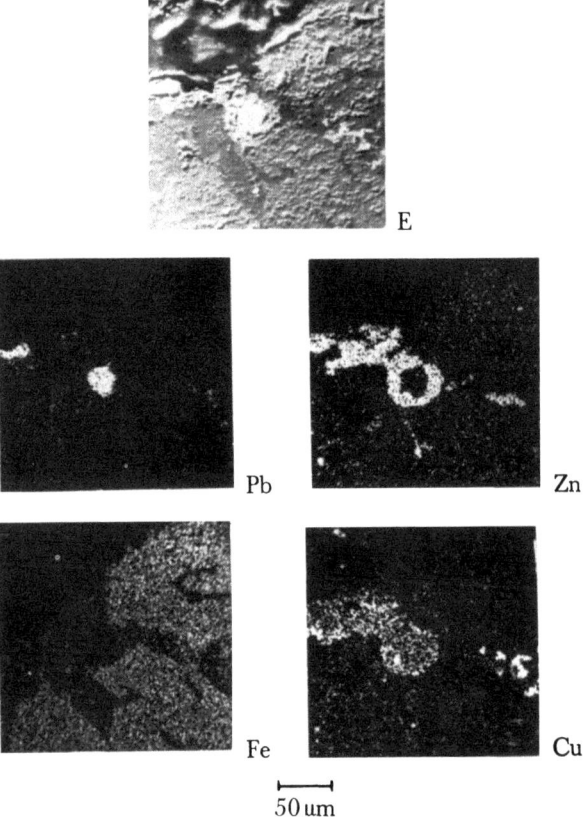

Abb. 8   Bleischachtofenschlacke der Bleihütte Halsbrücke

und Kupferverlusten nutzbare Metallinhalte – vor allem in Form enger Verwachsungen – als komplexe oder teilweise entmischte Schwefelverbindungen vorlaufen. Die häufige Vergesellschaftung sulfidischer Blei- und Kupferinhalte mit zinksulfidreichen Phasen läßt vermuten, daß Blei, Kupfer und Zink in den Schlacken schmelzflüssige Sulfidphasen bilden, die sich dann bei der Abkühlung entmischen. An Hand quantitativer elektronenstrahl-mikroanalytischer Punktanalysen ähnlicher mehrphasiger Sulfideinschlüsse in Kupferschlacken, über die bereits ausführlicher berichtet wurde [16], konnte festgestellt werden, daß es sich bei den mit Zn—Fe-Sulfiden vergesellschafteten kupferreichen Steinphasen vor allem um Mischkristalle der Bornitreihe (Endglieder Cu_5FeS_4 und Cu_4FeS_3) und Kupferkiesreihe (Endverbindungen $CuFeS_2$ und $Cu_3Fe_4S_6$) handelt.

Als Ursache für die Bildung der in den Abb. 2–8 wiedergegebenen feindispersen Metall- und Sulfidphasen können – abgesehen von den Vorgängen, die während des Einschmelzens der Rohstoffe zu einem direkten Übergang von Erzteilchen, Blei- und Sulfidtröpfchen in die Schlacke führen können – unter anderem angenommen werden:

1. Ausscheidungen ursprünglich gelöster Metall- und Sulfidphasen während der Abkühlung der Schlacken. In Anbetracht der sehr unterschiedlichen und überaus komplexen Zusammensetzung der Metall-, Stein-, Speise- und Schlackenphasen sowie der von den Betriebsbedingungen abhängigen Gleichgewichtsverhältnisse ist es nicht möglich, etwas über den mengenmäßigen Anteil dieser Ausscheidungen in den technischen Schlacken auszusagen. Darüber hinaus liegen bisher weder Untersuchungen über die Geschwindigkeit der Ausscheidungsvorgänge noch über die Ausscheidungsfolge vor. LUNDQUIST [17] konnte bei seinen Untersuchungen lediglich aufzeigen, daß gelöste Sulfidphasen sich bei der Abkühlung bereits weit oberhalb der Schlackenerstarrungstemperaturen auszuscheiden beginnen.

2. Umsetzungen von Metall und Metallverbindungen sowie Sinter- und Erzteilchen in den Schlacken. Untersuchungen [10] zeigten, daß beispielsweise in Gegenwart von FeS und ZnS etwa 90–95% der verschlackten Kupfer- und Bleioxide in die Sulfidphase übergehen, während Kobalt und Nickel unter den gleichen Bedingungen nur zu 80–85% sulfidiert werden. ZnO setzt sich dagegen nur zu 50% mit FeS in der Schlacke um. Als Folge dieser Austauschreaktionen entstehen ebenfalls feindisperse Sulfide, die sich dann zu Tröpfchen zusammenschließen. Während über die Umsetzungsgeschwindigkeit noch wenig bekannt ist, gibt LIPIN [10] als Koagulationszeiten der gebildeten Sulfidemulsionen bis zu Durchmessern von 10^{-3} mm etwa 0,18 sec, bis zu ca. 10^{-2} mm etwa 18 sec, bis zu 10^{-1} mm etwa 5 Stunden und bis zu 1 mm etwa 200 Wochen an.

Nach dem Stokes'schen Gesetz ist die Absetzgeschwindigkeit dieser emulgiert in den Schlacken vorliegenden oder gebildeten Metall- und Sulfidgehalte von der Tröpfchengröße, der Wichtedifferenz zwischen den schmelzflüssigen Phasen und der Schlackenviskosität abhängig. Eine in Abb. 9 gegebene Übersicht über die Blei- und Kupferverluste in- und ausländischer Bleischachtofenschlacken [1] in Abhängigkeit von der Schlackenviskosität zeigt deutlich, daß lediglich sehr zähe Schlacken das Absetzverhalten der Metallinhalte ungünstig beeinflussen. Aus dem Diagramm ist zu ersehen, daß es sich hierbei um den Bereich sehr kieselsäurereicher Schlacken handelt, denn die Kennzahl gibt das Verhältnis der sogenannten Netzwerkwandler, also Schmelzkomponenten FeO, CaO, ZnO, MgO, zu den sogenannten Netzwerkbildnern SiO_2 und Al_2O_3 wieder.

Als Beispiel für die Absetzzeiten einiger Metallinhalte von Bleischachtofenschlacken ist in Abb. 10 das Ergebnis überschlägiger Berechnungen der Absetzzeiten von Metall- und Sulfidemulsionen für einen Weg von 0,5 m und Schlackenviskositätswerten von 1 und 4 Poise wiedergegeben. Aus dem Diagramm ist zu entnehmen, daß bei den verhältnismäßig kurzen Verweilzeiten der Schlacken in den Vorherden sich lediglich Metall- und Steintröpfchen mit Durchmessern > 0,1 mm abzusetzen vermögen. Nicht berücksichtigt blieb hierbei, daß durch die in den Schlacken stattfindenden Umsetzungen einerseits sowie in Abhängigkeit von der Ausscheidungsfolge der Phasen andererseits die Abtrennung der fein-

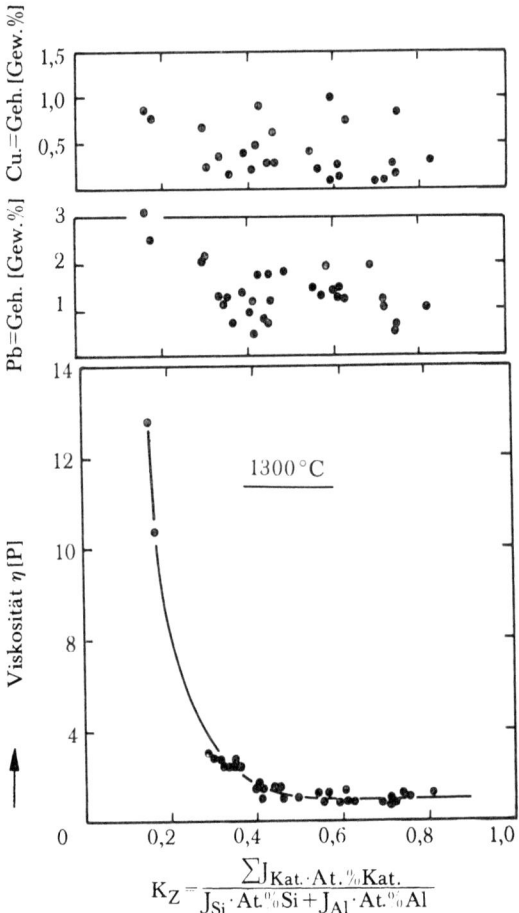

Abb. 9 Abhängigkeit der Viskosität von Bleischachtofenschlacken von der Schlackenkennzahl und Blei- und Kupfergehalte der Schlacken

dispersen Metallemulsionen erheblich gestört, wenn nicht sogar vollständig verhindert werden kann.

So läßt die Tatsache, daß ein großer Teil der in den erstarrten Schlacken beobachteten Metall- und Sulfideinschlüsse von Gasblasen umgeben ist, auf eine Zunahme der mechanischen Metallverluste durch eine flotierende Wirkung entweichender Gase schließen. Die Bildung der Gasblasen ist beim Aufschmelzen der Schlacken häufig zu beobachten und wird insbesondere folgenden an den Phasengrenzen Stein–Ferrit ablaufenden Umsetzungsvorgängen [10] zugeschrieben:

$$FeS + 3\,(FeO \cdot Fe_2O_3) \rightarrow 10\,FeO + SO_2$$

$$Cu_2S + 2\,(FeO \cdot Fe_2O_3) \rightarrow 2\,Cu + 6\,FeO + SO_2$$

Es überlagern sich in zinkreicheren Schlacken außerhalb des Schlachtofens auf Grund der unterschiedlichen Druckverhältnisse unter anderem Umsetzungen, die nach der Gleichung

$$ZnO + FeO \rightarrow Zn + Fe_3O_4$$

zur Entwicklung von Zinkdämpfen und erheblichen Konzentrationsänderungen führen können. Ferner zeigten die Anschliffuntersuchungen, daß die in der Schlackenschmelze in Form nicht gelöster Suspensionen oder Erstkristallisationen vorlaufenden Magnetit- und Spinellkristallite mit den Metallinhalten innige Verwachsungen bilden und somit in der Lage sind, vor allem kleinere Stein- und Metalltröpfchen in der Schlacke am Absinken zu hindern.

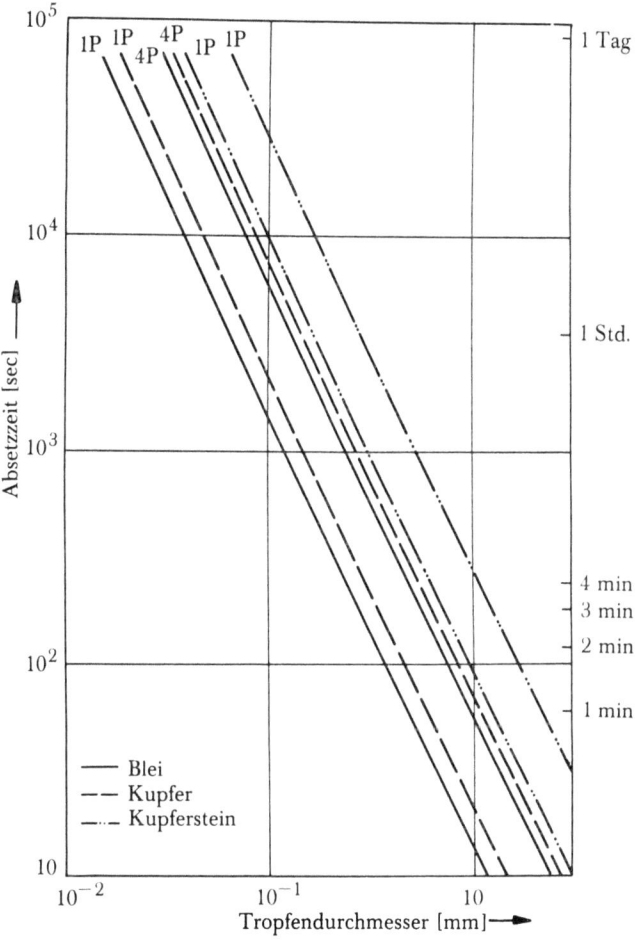

Abb. 10 Absetzzeiten der Metallinhalte von Bleischachtofenschlacken in Abhängigkeit vom Tropfendurchmesser

Auf Grund dieser Vielzahl möglicher und schwierig erfaßbarer physikalischer Einflüsse sowie chemischer Umsetzungen und Austauschreaktionen, die – wie Tab. 4 zeigt – bereits nach kurzzeitigem Abstehenlassen der Schlacken neben einem weitgehenden Absetzen der emulgierten Metallanteile zu einer erheblichen Verminderung des verschlackten PbO führen können, muß dahingestellt bleiben, mit welcher Sicherheit sich durch Zentrifugieren der Schlacken die in Form absetzbarer, mechanischer Verluste vorlaufenden Metallanteile ermitteln lassen.

Tab. 4   Schlackenabsetzversuch

	Bleischachtofenschlacke [Hoboken] [Analysen in Gew.-%]				
	Pb ges.)	Cu (ges.)	Pb (Met.)	Pb (Oxid)	Pb (Sulfid)
Ausgangs-Zus.	1,35	0,52	0,28	1,07	0,01
Absetzen 1250°C Al$_2$O$_3$-Tiegel 30′	0,28	0,25	0,00	0,12	0,10

Aus dem Schrifttum [4, 10] bekannte und eigene Versuchsergebnisse der Schleuderversuche von Bleischachtofenschlacken sind in Tab. 5 zusammengestellt.
Diese Übersicht zeigt, daß von den ausbringbaren Metallgehalten bei der Mehrzahl der Schlacken durch Zentrifugieren ein relativ hoher Anteil ausgebracht werden konnte. LIPIN [10] erzielte durch wiederholtes Schleudern nicht mehr zu extrahierende Restmetallkonzentrationen von 0,03 Gew.-% Pb und 0,7 Gew.-% Cu, wobei gleichzeitig 17% des Zink-, 5% des Eisen- und 54% des Schwefelgehaltes mitentfernt wurden.

Tab. 5   Ergebnisse der Schleuderversuche von Bleischachtofenschlacken

	Schleuderversuche Temperatur 1150–1350°C; Al$_2$O$_3$-Tiegel											
Einsatz	Ausgangsschlacke Gew.-%							nach dem Schleudern				
gr	SiO$_2$	FeO	CaO	Al$_2$O$_3$	Zn	Pb	Cu	Pb [Gew.-%]	Pb [%]	Cu [Gew.-%]	Cu [%]	Lit.
60	23,7	35,6	10,4	3,7	11,4	2,2	0,5	0,03	96	0,07	87	[10]
8	27,9	32,5	11,6	3,6	10,6	1,5	0,45	0,95	37	–	–	[4]
180	27,9	32,5	11,6	3,6	10,6	1,5	0,45	0,35	77	0,21	54	N.A.
180	20,1	35,4	12,2	6,3	14,8	1,3	0,25	0,17	86	0,14	44	B.S.B.
180	21,8	25,2	16,4	3,9	13,6	1,3	0,52	0,32	76	0,24	54	Hob.
180	20,5	24,6	20,5	3,7	11,1	2,0	0,3	0,23	86	0,26	13	St.
180*	20,5	24,6	20,5	3,7	11,1	2,0	0,3	0,04	96	0,02	86	St.

* Graphittiegel

Für eine unmittelbare Abtrennung dieser emulgiert in den Schlacken vorliegenden Metall-, Speise- und Sulfidphasen lassen sich in Anlehnung an die aus der Verfahrenstechnik bekannten Methoden zur Trennung disperser bzw. heterogener Systeme vor allem folgende Separationsverfahren in Betracht ziehen:

1. elektrokinetisches Verfahren,
2. Schleuderverfahren

und zur Rückgewinnung der gelösten oder verschlackten Metallgehalte:

3. elektrolytische Verfahren,
4. Fällungsverfahren,
5. Vakuumverfahren.

In den letzten Jahren wiederholt im Labormaßstab in Angriff genommene Untersuchungen [4, 7, 9, 10, 18–26] zeigen Wege auf, die eine Verminderung dieser Metallverluste nach der einen oder anderen Methode als möglich erscheinen lassen. Über eine großtechnische Ausnutzung der obengenannten Verfahren zur Steigerung des unmittelbaren Metallausbringens bei den metallurgischen Prozessen liegen bisher im Schrifttum noch keine Angaben vor. Auch weitere Vorschläge, wie beispielsweise die Metallgewinnung aus Schlacken auf nassem Wege [27, 28] oder die im Zusammenhang mit einer vollständigen Aufarbeitung der Kupferschlacken auf Roheisen bzw. Stahl [29–32] mögliche Rückgewinnung der NE-Metalle, haben sich bisher noch nicht mit wirtschaftlichem Erfolg in der Praxis durchsetzen können.

Im Rahmen der eigenen Laborversuche wurde die Abtrennung von Metall und Metallsulfiden nach den vorgenannten Methoden 1 und 2 sowohl in synthetischen eisenoxydulfreien und eisenoxydulhaltigen Silikatschmelzen als auch in technischen Bleischlacken näher geprüft. Über die Ergebnisse der elektrokinetischen Versuchsreihe wird nachfolgend berichtet.

Wanderung von Metall- und Sulfidtröpfchen in Silikatschlacken unter dem Einfluß von elektrischen Feldern

Die erstmals von V. REUSS 1807 beobachtete, im deutschen und angelsächsischen Schrifttum mit »Elektrophorese« bzw. »Elektromigration« bezeichnete elektrokinetische Erscheinung, daß suspendierte oder emulgierte Teilchen eines dispersen Systems im elektrischen Feld je nach Aufladung zur Anode (Anaphorese) oder Kathode (Kataphorese) wandern, wird heute bereits in einer Vielzahl analytischer, präparativer und technischer Prozesse angewendet. Ursache dieser Bewegungsvorgänge sind infolge unterschiedlicher Dielektrizitätskonstanten von Dispersionsmittel und dispergiertem Stoff bedingte Spannungsdifferenzen an den Phasengrenzflächen, welche zu einer gleichartigen Aufladung der Suspensionen bzw. Emulsionen führen. Die auf den Teilchen oder Tröpfchen gebildeten Oberflächenladungen können entstehen durch eine spezifische Absorption von Ionen aus der umgebenden Flüssigkeit, durch Dissoziation bestimmter ionogener Gruppen in der Lösungsgrenzschicht oder durch geladene Atome bzw. Atomgruppen,

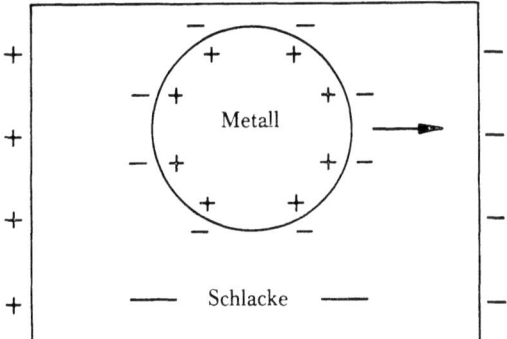

Abb. 11   Schemaskizze der Aufladung von Metalltröpfchen unter dem Einfluß eines elektrischen Feldes

die ein integraler Bestandteil der Struktur des Teilchens selbst sind. Wie aus der schematischen Darstellung in Abb. 11 zu ersehen ist, wird durch diese selektive Absorption von Ionen aus der Flüssigkeit in der Grenzschicht des Teilchens eine elektrische Ladung bestimmten Vorzeichens erzeugt, während die im Dispersionsmittel verbliebenen Ladungsträger entgegengesetzten Vorzeichens (Gegenionen) den äußeren, »lockeren« Teil der elektrischen Doppelschicht bilden. Unter der Krafteinwirkung von elektrischen Feldern werden die Ladungsträger im beweglichen Teil der Doppelschicht zur Anode gezogen. Diese Ladungsverschiebung verursacht einen Überschuß an positiven Ladungsträgern auf den Oberflächen der Tröpfchen oder Teilchen, die unter teilweisem Verlust des lockeren Teils der Doppelschicht zu wandern beginnen. KORTÜM [33] und LANGE [34] geben eine ausführliche Übersicht über die sehr komplexen und noch wenig erforschten elektrokinetischen Bewegungsmechanismen. Die Gesetze der Ionenwanderung können in gewissem Sinne auch auf die Wanderung der in Dispersionsmitteln suspendierten Teilchen angewendet werden, da sich die elektrophoretischen und elektrolytischen Erscheinungen mehr in der Größenordnung der geladenen Teilchen als in der Art der Vorgänge unterscheiden.

Die Tatsache, daß die suspendierten Teilchen* erheblich größer als Ionen sind und gegenüber den ein-, zwei- und dreiwertigen Einzelionen mehrere Ladungen besitzen können, wirkt sich auf die Wanderungsgeschwindigkeit im gegenläufigen Sinne aus. Bestimmungen der Beweglichkeit von Kolloiden z. B. zeigen, daß als Folge der höheren Teilchenladungen die Wanderungsgeschwindigkeit (V) der wesentlich größeren Koloide ($V = 3 \cdot 10^{-4} - 5 \cdot 10^{-4}$ cm/sec $\cdot$ V) in derselben Größenordnung wie die der Ionen ($V = 2 \cdot 10^{-4} - 20 \cdot 10^{-4}$ cm/sec $\cdot$ V) im elektrischen Feld der gleichen Feldstärke ist.

Die Abhängigkeit der Wanderungsgeschwindigkeit vom dispergierten Teilchen in einem trägerfreien Elektrolyten läßt sich in sehr vereinfachter Form durch die Gleichung

$$V = \frac{Q \cdot E}{6 \pi r \eta}$$

wiedergeben. Es bedeuten: V = Wanderungsgeschwindigkeit [cm/sec]; E = elektrische Feldstärke [V/cm]; Q = Oberflächenladung [Coul $\cdot$ cm^{-2}]; r = Radius des Teilchens [cm]; η = Viskosität des Dispersionsmittels [P]. Der Nennerausdruck gibt die nach dem Stokes'schen Gesetz für Tropfen im Bereich von $r = 0,2-1000$ μm gültige Reibungskonstante wieder. Als weitere häufig für elektrokinetische Vorgänge verwendete Bewegungskenngröße wird die Beweglichkeit

$$v = \frac{V}{E \cdot r} \; [\text{cm} \cdot \text{sec}^{-1} \cdot \text{V}^{-1}]$$

benutzt, die sich aus der auf den Radius $r = 1$ und die Feldstärke $E = 1$ V/cm bezogenen Teilchengeschwindigkeit ergibt.

Nicht berücksichtigt in dieser Gleichung sind unter anderem, daß die Tröpfchen im elektrischen Feld und bei ihrer Wanderung deformieren, daß infolge der Ionen- bzw. Hydrathülle mit einem größeren Teilchenradius ($r + \Delta r$) zu rechnen ist und in der festhaftenden Grenzflächenschicht auch eine gewisse Anzahl Gegenionen vorhanden ist und damit an Stelle der wahren Ladung Q eine kleinere effektive Ladung (Δe) tritt. Auf Grund interionischer Wechselwirkungen in nicht-

---

* Als Unterscheidungskriterium werden durch konventionelle Festlegung etwa folgende Grenzbereiche für die Teilchengrößen im Schrifttum angegeben: Grobe Suspensionen: $r = > 10^{-5}$ cm; Kolloide: $r = 10^{-5}-10^{-7}$ cm und Ionen: $r =$ etwa 10^{-8} cm. Der Dispersitätsgrad der Metall- und Sulfidsuspensionen in den technischen Schlacken fällt in die beiden erstgenannten Grenzbereiche.

trägerfreien Elektrolyten werden ferner auf das Teilchen zwei als Elektrophorese- bzw. Relaxationseffekte bezeichnete Arten von Bremsung ausgeübt, und zwar einmal bedingt durch die Wanderung der Gegenionen in entgegengesetzter Richtung und zum anderen dadurch, daß sich das Teilchen durch seine Doppelschicht hindurch bewegt. Näherungsgleichungen mit entsprechenden Korrekturthermen für verschiedene disperse Systeme werden von HELMHOLZ, HÜCKEL, OHNSAGER u. a. m. [33, 34] angegeben.

Mit diesen für einfache disperse Systeme gültigen Gesetzmäßigkeiten lassen sich erwartungsgemäß nur annähernd die unter dem Einfluß von elektrischen Feldern in den komplexen Vielstoffsystemen Metall-, Metallsulfid- und Silikatschmelzen zu beobachtenden elektrokinetischen Erscheinungen deuten. Bedingt durch gleichzeitig mit der Wanderung der dispersen Phasen ablaufende elektrolytische Vorgänge, durch interionische Wechselwirkungen und Umsetzungsreaktionen an den Phasengrenzflächen sowie durch Einflüsse, die sich aus der Zusammensetzung und den spezifischen Eigenschaften der Komponenten des dispersen Systems ergeben, überlagern sich dem Wanderungsmechanismus zahlreiche experimentell im einzelnen kaum erfaßbare Nebenerscheinungen. Auf vorgeschlagene Näherungsberechnungen und Deutungen der in den Schlacken festgestellten Bewegungsvorgänge wird noch bei der Diskusion der eigenen Versuchsergebnisse eingegangen.

Versuchsaufbau: Versuchsdurchführung

Als Ausgangsmaterialien bei den nachfolgenden Untersuchungen dienten:

Metalle: Elektrolytkupfer, Hütten-Weichblei.

Sulfide: Cu_2S (p. a.) der Fa. Merck, PbS (p. a.) der Fa. Schuchardt und Ni_2S_3, das durch einfaches Zusammenschmelzen von Nickel (Pulver der Fa. Schuchardt) und Schwefel (sublimiert, Fa. Merck) hergestellt wurde. Als Zusammensetzungen der verwendeten technischen Kupfer- und Blei-Kupfer-Steine wurden ermittelt: Bleistein: 70,23% Pb, 0,34% Cu und 14,57% S; Kupferstein: 47,0% Cu, 3,6% Pb, 22,0% Fe und 24,0% S.

Oxide: SiO_2 (p. a.), CaO (p. a.), Al_2O_3 (p. a.) der Fa. Merck; Fe_2O_3 der Fa. Riedel de Haen.

Zusammensetzung der synthetischen Schlacken:

Nr. 1: 50% SiO_2, 40% CaO, 10% Al_2O_3

Nr. 2: 40% SiO_2, 50% CaO, 10% Al_2O_3

Nr. 3: 26% SiO_2, 29% CaO, 45% FeO

Nr. 4: 32% SiO_2, 14% CaO, 56% FeO

Nr. 5: Bleischachtofenschlacke der Stolberger Zink AG (Zus. vgl. Tab. 3)

Die Bestimmung des elektrischen Leitvermögens der synthetischen Kalk-Tonerde-Kieselsäure-Schmelzgemische erfolgte mittels einer bereits in früheren Institutsarbeiten [35, 36] beschriebenen Leitfähigkeitsmeßeinrichtung, und zwar mit einer speziellen Wechselstrommeßbrücke nach Art der Thomson-Brücke. Als Tiegel- und Elektrodenmaterial wurde eine Pt—Rh-Legierung verwendet. Zur Beheizung diente ein Hochtemperaturofen mit einer Spezialheizwicklung aus Rhodiumband.

Abweichend von der bei früheren Untersuchungen verwendeten Versuchseinrichtung [1, 2] zur Ermittlung der elektrischen Leitfähigkeits- und Viskositätstemperaturbeziehungen synthetischer und technischer FeO-haltiger Schlackenschmelzen wurde an Stelle von Armco-Eisen und Korund eine Kobalt-Chrom-Eisen-Legierung (UMCo-50-PC) [37] als Elektroden- und Tiegelmaterial verwendet.

Das Verschmelzen und Homogenisieren der eisenoxydulfreien Ausgangsschlacken erfolgte in einem Platintiegel. Die eisenoxydulhaltigen Schlacken wurden durch Einschmelzen von CaO—Fe$_2$O$_3$—SiO$_2$-Mischungen in Armco-Eisentiegeln hergestellt.

In Abb. 12 ist schematisch die Versuchsanordnung zur Bestimmung der Wanderungsgeschwindigkeit von Metall- und Sulfidtröpfchen im horizontal elektrischen Feld wiedergegeben. Hierbei diente ein im Tammann-Ofen (1) untergebrachtes Porzellanschiffchen (2) (1×80×13×9, unglasiert, Fa. Haldenwanger) zur Aufnahme der zu untersuchenden Schlackenschmelzen. Als Material für die beiden in das Schlackenbad eintauchenden Elektroden (3) wurde Graphit bei den Untersuchungen in Kalk-Tonerde-Silikatschmelzen, UMCo-50 in eisenoxydulhaltigen Schlacken verwendet. Als Stromquelle diente ein Gleichrichter (4), die Strom- und Spannungswerte wurden an Multavis (5) abgelesen. Die Temperaturmessung erfolgt mittels eines Pt—PtRh-Thermoelementes (6) in Verbindung mit einem Millivoltmeter (7). Um die Versuche in möglichst neutraler Atmosphäre durchführen zu können, wurden die beiden Enden des Tammann-Ofens während der Messung mit Asbest abgedeckt und Stickstoff durch ein Zuleitungsrohr (8) oberhalb der Schmelze eingeleitet. Eine Analyse der Ofenatmosphäre ergab folgende Zusammensetzung: 2,0% CO$_2$, 8,4% CO, 1,0% O$_2$, Rest Stickstoff.

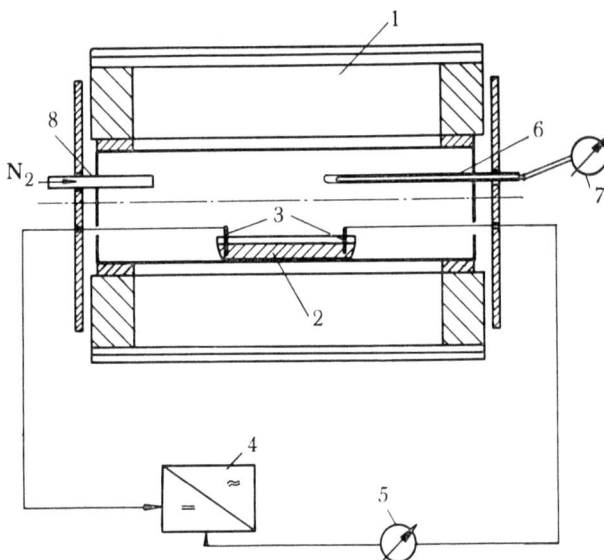

Abb. 12 Versuchseinrichtung zur Bestimmung der Wanderungsgeschwindigkeit von Metall- und Sulfidtröpfchen im horizontalen elektrischen Feld

1 = Tamman-Ofen; 2 = Porzellanschiffchen; 3 = Elektroden; 4 = Gleichrichter; 5 = Multavi; 6 = Pt—PtRh-Thermoelement; 7 = Millivoltmeter; 8 = Stickstoffzuleitungsrohr

Zu Beginn der elektrokinetischen Versuche wurden die im Schiffchen eingesetzten Schlacken (3 g) zunächst eingeschmolzen und dann durch Vorziehen des Schiffchens an einer markierten Stelle gewogene Sulfid- oder Metallzusätze aufgegeben. Am Versuchsende wurde das Schiffchen aus dem Ofen herausgezogen und abgeschreckt. Die Wanderungsgeschwindigkeit $V = s/t$ der Metall- bzw. Sulfidtropfen ergibt sich aus der zurückgelegten Wegstrecke s (cm) und der Versuchsdauer t (sec). Die Tröpfchendurchmesser wurden für die jeweiligen Versuchstemperaturen aus den Einwaagen errechnet. Die Versuchsdauer betrug je nach der Wanderungsgeschwindigkeit 1–5 sec.

Versuchsergebnisse

Die ermittelte Temperaturabhängigkeit der Viskosität und des elektrischen Leitvermögens der verwendeten synthetischen und technischen Schlackenschmelzen ist in Abb. 13 und 14 zusammengestellt. Die Viskositätstemperaturbeziehungen der Kalk–Tonerde-Silikatschmelzgemische wurden dem Schrifttum [38] entnommen. Aus der Darstellung der Meßwerte in Abb. 13 ist zu ersehen, daß bei Versuchstemperaturen zwischen 1400 und 1600°C die elektrische Leitfähigkeit

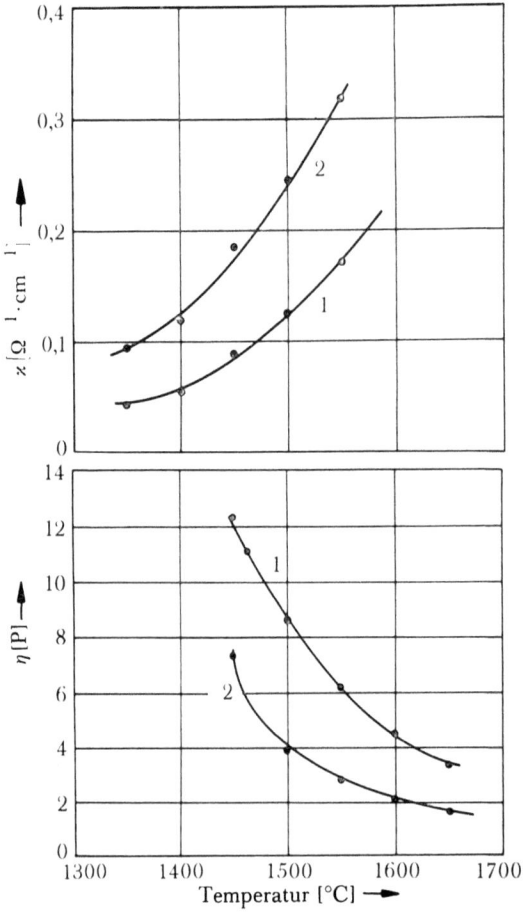

Abb. 13   Elektrische Leitfähigkeits- und Viskositätstemperaturbeziehungen von Kalk–Tonerde-Silikatschmelzen

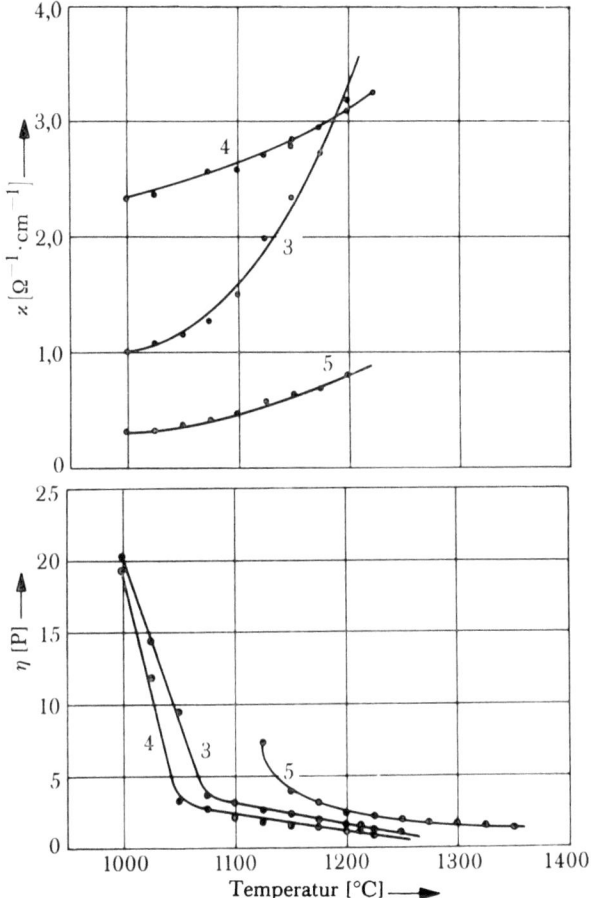

Abb. 14 Elektrische Leitfähigkeits- und Viskositätstemperaturbeziehungen von synthetischen und technischen eisenoxydulhaltigen Schlacken

der Kalk–Tonerde–Silikate nur geringfügig von etwa 0,1 bis 0,3 $\Omega^{-1} \cdot cm^{-1}$ ansteigt, während im gleichen Temperaturbereich die Viskosität von Werten über 14 auf 2–5 Poise abfällt.

Das in Abb. 14 wiedergegebene Viskositätstemperaturverhalten der eisenoxydulhaltigen Industrieschlacken und der synthetischen Vergleichsschmelzen läßt demgegenüber einen raschen Anstieg der Viskositätswerte in der Nähe der Liquiduslinie erkennen. Bei höheren Temperaturen ($> 1150°C$) nähern sich die Viskositätswerte – wie bereits aus der in Abb. 9 gegebenen Übersicht über die Viskositäts-Kz-Beziehungen technischer Bleischlacken zu ersehen ist – überwiegend Grenzwerten, die unter 1 Poise liegen. Den Leitfähigkeitstemperaturbeziehungen ist zu entnehmen, daß die Mehrzahl der industriellen Bleischlacken bei Temperaturen zwischen 1250 und 1300°C eine Leitfähigkeit von 0,2 bis etwa 1 $\Omega^{-1} \cdot cm^{-1}$ aufweist.

Elektrokinetisches Verhalten von Sulfiden und Metallen in Kalk–Tonerde–Silikatschmelzen

In guter Übereinstimmung mit den Versuchsergebnissen von CHLIPOV und ESIN [20] konnte im Rahmen orientierender Voruntersuchungen über das elektrokinetische Verhalten von Metall- und Sulfidtröpfchen in eisenoxydulfreien Schlacken im horizontalen elektrischen Feld festgestellt werden, daß Sulfidtröpfchen zur Anode, Metallemulsionen zur Kathode wandern.

Zur Deutung dieses unterschiedlichen Verhaltens von Metallen und Sulfiden untersuchten CHLIPOV und ESIN [20] das elektrokinetische Verhalten von Nickelsteintröpfchen mit verschiedenen Schwefelgehalten. Bei den Versuchen konnte festgestellt werden, daß die Wanderungsgeschwindigkeit der Nickelsteintröpfchen mit abnehmenden Schwefelgehalten von 26% auf etwa 0,4% nicht beeinflußt wird, während sie im Bereich von 0,4 bis 0,15% sehr rasch abnimmt, um bei der unteren Grenzkonzentration den Wert 0 zu erreichen. Bei einer weiteren Abnahme des Schwefelgehaltes wandern alle Sulfidtröpfchen dann in entgegengesetzter Richtung. Dieses von der Schwefelkonzentration abhängige Verhalten läßt sich vielleicht damit erklären, daß, durch die hohe kapillare Wirkung des Schwefels bedingt, die Konzentrationsänderungen in den Nickelsulfidtropfen-Grenzschichten bis zu Schwefelgehalten von etwa 0,15% ohne Einfluß auf die Oberflächenladung sind. Für diese Annahme spricht, daß bereits bei geringen Schwefelzusätzen die Oberflächenspannung von Nickel (Ni = 1756, Nickelsulfid = 452 Erg/cm^2) erheblich abnimmt. Auf Grund dieser Untersuchungsergebnisse ist anzunehmen, daß die negative Aufladung sulfidischer Tröpfchenoberflächen von der Schwefelkonzentration in den Phasengrenzschichten abhängt.

CHLIPOV und ESIN [20] konnten ebenfalls aufzeigen, daß unter anderem von der Gasatmosphäre abhängige interionische Wechselwirkungen an den Phasengrenzen Metall-, Sulfidtröpfchen/Schlackenschmelze vor allem das elektrokinetische Verhalten von Metallemulsionen an der Schlackenoberfläche stark beeinflussen können. So war in reduzierender Atmosphäre eine starke Abnahme der Wanderungsgeschwindigkeit von Nickeltröpfchen zu verzeichnen, während Kupfer- und Silberemulsionen ihre Wanderungsrichtung änderten und sich zur Anode bewegten.

Unter oxidierenden Bedingungen konnte dagegen beobachtet werden, daß sich die den Metalltropfen umgebenden Schlackenschichten an Metalloxiden anreichern und die Metalle bei ihrer Wanderung zur Kathode häufig dunkle, metalloxidhaltige Spuren in den farblosen Kalk–Tonerde–Silikatschmelzen hinterlassen. Der Überschuß positiver Ladungsträger auf die Metalloberfläche bzw. im inneren Teil der Doppelschicht in oxidierender Atmosphäre wird – wie in den nachfolgenden Gleichungen zum Ausdruck kommt:

$$Me^{2+}{}_{(Schl.)} + 2\,e^- \rightarrow Me$$
$$O_{(Met.)} + 2\,e^- \rightarrow O^{2-}{}_{(Schl.)}$$

vor allem dem Übergang zweiwertiger Metallkationen aus der Schlacke in das Metall oder einer umgekehrten Wanderung des im Metall gelösten Sauerstoffs in die Schlackenschmelze zugeschrieben.

Bei diesen Umsetzungen der emulgierten Tröpfchen mit den Schlacken handelt es sich um Grenzflächenreaktionen, die an den Berührungsflächen Tropfen-Schlacke vor sich gehen. Sie bestehen aus den Teilschritten: Transport des Sauerstoffs oder des Schwefels an die Grenzfläche, Reaktion an der Grenzfläche, schließlich Abtransport von der Grenzfläche in die Schlacke durch Diffusion.

In reduzierender Gasatmosphäre werden die an der Oberfläche der Metalltröpfchen gebildeten Metalloxide reduziert. Die Reduktionsvorgänge verlaufen um so vollständiger, je edler die Metalle sind, und die negative Aufladung von Metallen, wie z. B. Silber, Kupfer, welche zur Änderung der Wanderungsrichtung führt, dürfte im Gegensatz zu den oben gekennzeichneten Austauschvorgängen metalloxidreicher Grenzschichten vermutlich auf einen zunehmenden Übergang von Kationen

$$Me \rightarrow Me^{2+} + 2\,e^-$$

vom Metall in die Schlacke zurückzuführen sein.

Die in diesen Gleichungen wiedergegebenen interionischen Wechselwirkungen werden sich mit fortschreitender Reduktion bzw. zunehmenden reduzierenden Bedingungen schließlich in ihrer Wirkung soweit aufheben, daß es zum oben erwähnten Stillstand der Tröpfchen (wie z. B. bei Nickelsteinemulsionen) kommen kann.

Untersuchungen über das Verhalten von Sulfidtröpfchen an der Schlackenoberfläche zeigten, daß Nickelsulfid – unbeeinflußt von der Ofengaszusammensetzung – zur Anode wandert, während Röstreaktionsvorgänge an den Grenzschichten der Kupfersulfidtröpfchen zu Anreicherungen von Kupfer führen, das sich im Gegensatz zu Nickel nur unvollständig in seinem Sulfid zu lösen vermag. Bei entsprechender – mikroskopisch nachweisbarer – metallischer Bedeckung der Kupfersulfide erfolgt eine Umkehr der Wanderungsrichtung. Nickel-Kupferstein-Tröpfchen verhalten sich demgegenüber unter oxidierenden Bedingungen an der Schlackenoberfläche wie Nickelsulfidemulsionen.

Neben diesen schwierig erfaßbaren, interionischen Wechselwirkungen ist – wie aus der vereinfachten Berechnungsgleichung der Wanderungsgeschwindigkeit hervorgeht – die Geschwindigkeit der Tröpfchen abhängig von der Oberflächenspannung der Teilchen, der angewandten Feldstärke, dem Tröpfchenradius und der Viskosität des Dispersionsmittels.

Untersuchungen über die Abhängigkeit der Wanderungsgeschwindigkeit von Nickelsulfidtröpfchen von der Viskosität zeigten in guter Übereinstimmung mit den Versuchsergebnissen von CHLIPOV und ESIN [20], daß in Kalk-Tonerde-Silikatschmelzen mit steigender Viskosität die Wanderungsgeschwindigkeit der

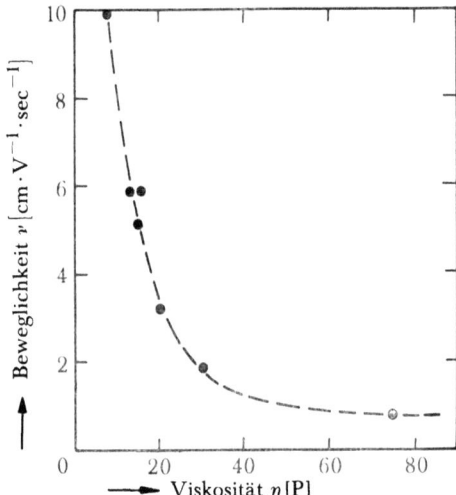

Abb. 15 Beweglichkeit von Nickelsulfidtröpfchen in Abhängigkeit von der Viskosität eisenoxydulfreier Silikatschmelzen

Tröpfchen abnimmt. Aus der in Abb. 15 wiedergegebenen Abhängigkeit der Tropfenbeweglichkeit von der Schlackenviskosität wird ersichtlich, daß die Beweglichkeit der Nickelsulfidtröpfchen im untersuchten Viskositätsbereich von 8 bis 75 Poise mit steigender Viskosität der Schmelzen von etwa 10 auf 1 [cm · V^{-1} sec^{-1}] abnimmt, was einer Abnahme der Wanderungsgeschwindigkeit von 2,8 auf 0,25 cm · sec^{-1} entspricht. Aus dem Kurvenverlauf ist zu ersehen, daß insbesondere im Bereich dünnflüssiger Schlacken die Beweglichkeit stark viskositätsabhängig ist.

Eine lineare Beziehung ergibt sich – wie Abb. 16 zeigt – bei der Auftragung der Beweglichkeit von Nickelsulfidtröpfchen in Abhängigkeit von der Schlackenkennzahl, wobei mit zunehmender Schlackenkennzahl, d. h. mit abnehmenden Kieselsäure- und Tonerdegehalten, infolge der verringerten Schlackenviskosität die Beweglichkeit zunimmt. Eine lineare Zunahme der Wanderungsgeschwindigkeit von Nickelsulfidtröpfchen konnte ebenfalls in Abhängigkeit von der angelegten Feldstärke festgestellt werden.

Einige aus den Versuchsreihen von CHLIPOV und ESIN [20] und eigenen Untersuchungen ausgewählte Meßwerte, die den Einfluß des Tropfenradius auf die Tropfenbeweglichkeit im elektrischen Feld charakterisieren, sind in der Tab. 6 wiedergegeben. Die im oberen Teil der Tabelle eingetragenen Ergebnisse zeigen, daß die Wanderungsgeschwindigkeit der Nickelsulfidtröpfchen im Bereich von $r = 0,025$ bis $0,075$ mit zunehmendem Tröpfchenradius größer wird, von $r = 0,075$ bis etwa 0,15 cm nahezu konstant bleibt und bei Werten 0,16 cm wieder abnimmt.

Für die Oberflächenladung der Nickelsulfidtröpfchen errechnen sich an Hand der vorliegenden Versuchsdaten Werte zwischen $8\text{--}12 \cdot 10^{-6}$ Coul · cm^{-2}. Diese

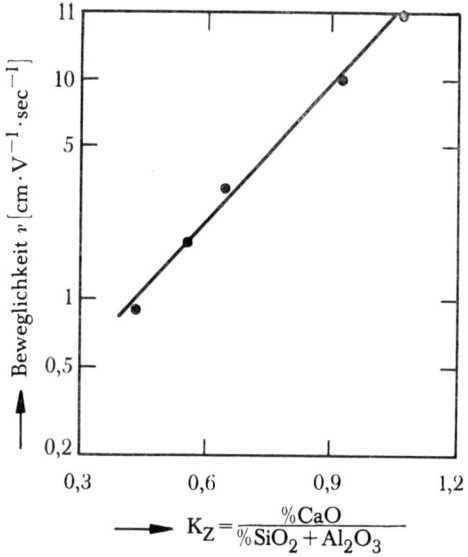

Abb. 16 Beweglichkeit von Nickelsulfidtröpfchen in Abhängigkeit von der Schlackenkennzahl

Tab. 6 Wanderungsgeschwindigkeit von Nickelsulfidtröpfchen in Abhängigkeit vom Tropfenradius und vom FeO-Gehalt der Schlackenschmelzen

Schlackenzusammensetzung [Gew.-%]				Viskosität	Ni_2O_3-Tropfenradius	Feldstärke	Geschwindigkeit	Beweglichkeit	Richtung
FeO	CaO	Al_2O_3	SiO_2	P	cm	V/cm	cm/sec	$cm \cdot V^{-1} \cdot sec^{-1}$	
	52	41	7	1,5	0,025	6,6	7,5	46	A
	52	41	7	1,5	0,05	6,6	15	46	A
	52	41	7	1,5	0,075	6,6	15	30	A
	52	41	7	1,5	0,16	6,6	6	5,7	A
	50	10	40	13	0,10	1,5	0,75	5,0	A
	50	10	40	13	0,18	1,5	0,5	1,8	A
4,0	47,5	9,3	39,2	°C 1420	0,15	1,5	0,6	2,7	A
6,0	46,4	8,9	38,7		0,16	1,5	~ 0	~ 0	–
8,0	45,7	8,7	38,6		0,11	1,5	0,5	0,3	K

Angaben können verständlicherweise mehr oder weniger stark von den effektiven Oberflächenladungen abweichen, da in der vereinfachten Berechnungsgleichung – wie oben ausgeführt – eine Reihe von Einflußgrößen nicht berücksichtigt wurde. Noch nicht zu deuten ist auch die Tatsache, daß die experimentell ermittelten Tropfenwanderungsgeschwindigkeiten in den Schlacken um ein Vielfaches größer sind, als auf Grund theoretischer Berechnungen nach elektrophoretischen Näherungsgleichungen zu erwarten wäre. Im neueren Schrifttum [23, 24] wird daher die Ansicht vertreten, daß der Wanderungsmechanismus der Emulsionen in den Schlacken vermutlich elektrokapillarer Art ist, d. h. durch die abstoßenden Kräfte zwischen gleich geladenen Ionen in den beiden Teilen der Doppelschicht verursacht wird. Zur Berechnung elektrokapillarer Wanderungsvorgänge geben FRUMKIN und LEVIC [39] nachfolgende Näherungsgleichung (Gültigkeitsbereich — $E \cdot r \ll Q/c$) an:

$$V = \frac{Q \cdot E \cdot r}{2\,\eta + 3\,\eta' + Q^2/\varkappa} \;[\text{cm} \cdot \text{sec}^{-1}]$$

Es bedeuten: $c = 15\;[\mu F \cdot \text{cm}^{-2}]$; $\eta' =$ Viskosität des Tropfenmaterials $[P]$; $\varkappa =$ elektrische Leitfähigkeit $[\Omega^{-1} \cdot \text{cm}^{-1}]$; $Q =$ Oberflächenladung $[\text{Coul} \cdot \text{cm}^{-2}]$; $E =$ elektrische Feldstärke $[V/\text{cm}]$; $V =$ Wanderungsgeschwindigkeit $[\text{cm/sec}]$; $\eta =$ Viskosität des Dispersionsmittels $[P]$.

Für eine überschlägige Berechnung der Wanderungsgeschwindigkeit und Beweglichkeit läßt sich die Gleichung, da $Q^2/\varkappa \ll 2\,\eta$ und η' wesentlich kleiner als η ist, in den vorliegend untersuchten dispersen Systemen wie folgt vereinfachen:

$$V = \frac{Q \cdot E \cdot r}{2} \;[\text{cm} \cdot \text{sec}^{-1}]$$

$$v = \frac{Q}{\eta} \;[\text{cm} \cdot V^{-1} \cdot \text{sec}^{-1}]$$

Nach diesen Näherungsgleichungen errechnen sich an Hand der in Tab. 6 aufgeführten Versuchsergebnisse für die Oberflächenladung der Nickelsulfidtröpfchen Werte zwischen $11\text{–}15 \cdot 10^{-6}\;\text{Coul} \cdot \text{cm}^{-2}$. Berechnungen der Beweglichkeiten von Nickelsulfidtröpfchen unter Zugrundelegung dieser Oberflächenladungswerte ergeben bei Tröpfchen $< 0,075$ cm gute Übereinstimmung mit den Versuchswerten. Für Tropfenradien $> 0,075$ cm weichen jedoch die rechnerisch ermittelten Werte von den experimentell festgestellten Beweglichkeiten erheblich ab ($r = 0,075$ cm: theoretischer Wert $v = 50\;\text{cm} \cdot V^{-1} \cdot \text{sec}^{-1}$; Versuchswert $v = 30\;\text{cm} \cdot V^{-1} \cdot \text{sec}^{-1}$). Die Abweichungen dürften – abgesehen von der Tatsache, daß die in der Berechnungsgleichung aufgeführten Faktoren nur teilweise die komplexen Einflußgrößen bei elektrokinetischen Vorgängen erfassen – vermutlich damit zu erklären sein, daß größere Tröpfchen bei ihrer Wanderung durch die Schlacken in zunehmendem Maße deformieren.

Das elektrokinetische Verhalten von Sulfiden und Metallen in eisenoxydulhaltigen Schlackenschmelzen

Wesentlich schwieriger zu deuten und zu erfassen sind die Wanderungsvorgänge in den eisenoxydulhaltigen Schlacken der NE-Metallurgie, da sowohl FeO als Hauptschlackenkomponente als auch das von der Schlackenzusammensetzung und den Versuchsbedingungen abhängige Fe^{3+}/Fe^{2+}-Verhältnis einen maßgeblichen Einfluß auf die Beweglichkeit von Metall- und Sulfidtröpfchen auszuüben vermögen.

Aus den in Tab. 6 wiedergegebenen Versuchsergebnissen über den Einfluß von FeO-Gehalten auf die Wanderungsgeschwindigkeit von Nickelsulfidtröpfchen ist zu ersehen, daß trotz der mit steigenden FeO-Gehalten zunehmenden Dünnflüssigkeit der Schlacken die Wanderungsgeschwindigkeit der Tröpfchen abnimmt und bei einem FeO-Gehalt von etwa 6% den Wert 0 erreicht. Bei höheren FeO-Konzentrationen in den Schlacken kehrt sich die Wanderungsrichtung um, und die Nickelsulfidtröpfchen wandern zur Kathode. Analog den in reduzierenden und oxidierenden Atmosphären an den Grenzflächen der Metallphasen stattfindenden Austauschvorgängen führen CHLIPOV und ESIN [20] die negative Aufladung der Sulfidemulsionen in Schlacken mit geringen FeO-Gehalten auf einen Übergang von Fe^{2+}-Ionen aus der Schlacke in das Nickelsulfid

$$Fe^{2+}_{(Schl.)} \rightarrow Fe_{(Sulfid)} - 2\,e$$

zurück, während bei Konzentrationen über 8% FeO in den Schlacken die Austauschvorgänge nach Gleichung

$$Ni_{(Sulfid)} \rightarrow Ni^{2+}_{(Schl.)} - 2\,e$$

überwiegen, also Nickelionen aus den Sulfiden in die Schlacke übergehen. Im Konzentrationsbereich um 6% scheinen sich diese Vorgänge in ihrer Wirkung aufzuheben.

In weiteren Versuchsreihen konnte festgestellt werden, daß der von dem Tropfenradius und der Schlackenviskosität in erster Linie abhängige Reibungswiderstand auf die Wanderungsgeschwindigkeit der Sulfidtröpfchen in eisenoxydulhaltigen Schlacken nur einen geringen Einfluß ausübt. Da die Sulfidtröpfchen unter gleichen Versuchsbedingungen in den FeO-haltigen Schlacken erheblich langsamer als in den Kalk-Tonerde-Silikatschmelzen wandern, ist anzunehmen, daß vor allem experimentell schwierig erfaßbare Vorgänge in den Doppelschichten den elektrokinetischen Wanderungsmechanismus maßgeblich beeinflussen. Es wurde zwar versucht [21], durch entsprechende Korrekturglieder, z. B. den Depolarisationskoeffizienten K^*, eine Reihe dieser Einflußgrößen zu berücksichtigen, die gemachten Annahmen reichen jedoch nicht aus, um die Beweglichkeit von Metall- und Sulfidemulsionen in eisenoxydulhaltigen Schlackensystemen vorauszuberechnen zu können. Die relativ hohen Werte, die sich auf Grund dieser Berechnungen für den Depolarisationskoeffizienten K ($K \sim 25$) ergeben, deuten darauf hin, daß die geringe Tropfenbeweglichkeit in eisenoxydulhaltigen Systemen auf eine verminderte Polarisationsfähigkeit der Emulsionen zurückzuführen sein könnte.

Untersuchungen über den Einfluß der angelegten Felder auf die Wanderungsvorgänge von Metall- und Sulfidemulsionen ergaben, daß sowohl in eisenoxydulhaltigen als auch in eisenoxydulfreien Silikatschmelzen die Wanderungsgeschwindigkeit mit zunehmender Feldstärke nahezu linear ansteigt. Als Beispiel ist in Abb. 17 der von KVJATKOVSKI und Mitarbeitern [7] und in eigenen Versuchsreihen ermittelte Einfluß der elektrischen Feldstärke auf die Wanderungsgeschwindigkeit von Bleitropfen in einer Silikatschmelze mit konstantem FeO-Gehalt wiedergegeben. Weitere Untersuchungen zeigten, daß mit steigenden FeO-Gehalten die Linearität dieser Abhängigkeit erhalten bleibt, die Wanderungsgeschwindigkeit jedoch abnimmt. Zu gleichen Ergebnissen führten auch Modellversuche mit Quecksilbertropfen in wäßrigen Glycerin–KCl–FeCl₂-Lösungen.

Aus der ebenfalls in Abb. 17 aufgetragenen Abhängigkeit der Wanderungsgeschwindigkeit von dem Verhältnis Fe^{3+}/Fe^{2+} in den Schlacken (Feldstärken: 1,5 V · cm⁻¹) ist zu ersehen, daß die Bewegungsgeschwindigkeit eines Bleitröpfchens bei einer Verhältniszahl von etwa 39% den Wert 0 erreicht. Bei Überschreiten dieses Grenzwertes erfolgt eine Umladung des Tropfens. Dieses Verhalten konnte ebenfalls durch Modellversuche in Glycerin–KCl–FeCl₂–FeCl₃-Lösungen mit Quecksilbertropfen nachgewiesen werden. Es bleibt jedoch offen, in welchem Maße Depolarisations-, Diffusions- und Umladungsvorgänge sowie Austauschreaktionen über die Phasengrenze in Systemen dieser Art wirksam werden. Bei allen diesen Erscheinungen ist ferner zu berücksichtigen, daß neben den elektrophoretischen bzw. elektrokapillaren Vorgängen in den Schlacken auch elektrolytisch bedingte Umsetzungen ablaufen, die sowohl an den Elektroden als auch im Dispersionsmittel zu Konzentrationsänderungen führen können.

Aus der in Tab. 7 gegebenen Übersicht über die Wanderungsgeschwindigkeiten von Blei-, Kupfer-, Blei–Kupferstein-, Kupferstein- und Nickelsulfidtröpfchen in synthetischen und technischen eisenoxydulhaltigen Schlacken geht hervor, daß im untersuchten Temperatur- und Feldstärkebereich die Metall- und Steintröpfchen auf der Schlackenoberfläche im horizontalen elektrischen Feld mit einer Beweglichkeit von etwa 0,5 bis 3,0 cm · V⁻¹ · sec⁻¹ zur Kathode wandern. KVJATKOVSKI und Mitarbeiter [7] fanden in Bleischachtofenschlacken (Zusammensetzung Gew.-%: 24,0 SiO₂, 10,7 CaO, 23,1 Fe²⁺, 13,7 Zn, 4,08 Fe³⁺, 2,0 Pb, 3,3 S und 3,2 Al₂O₃) bei einer Feldstärke von 1,5 V Bleitropfenwanderungs-

---

* $K = 1 + \dfrac{r}{2\varkappa(RT/n \cdot F)}$ steht als Faktor im Nenner der FRUMKIN-LEVIC-Gleichung. Es bedeuten: $\varkappa$ = elektrische Leitfähigkeit $\Omega^{-1} \cdot cm^{-1}$; R = Gaskonstante; F = Faradaysche Konstante; n = Ionenwertigkeit (Fe); i = Diffusionsstrom zu (0,5% FeO) A/cm² angenommen.

geschwindigkeiten an der Schlackenoberfläche bis zu 12 cm · sec^{-1}, während sich die Bleitröpfchen im Innern der Schlacken mit einer Geschwindigkeit von 5 bis 8 cm · sec^{-1} zur Anode bewegten. Ähnliche Erscheinungen wurden auch bei Elektrolyseversuchen beobachtet, über die noch an anderer Stelle berichtet werden wird. Es sei in diesem Zusammenhang nur darauf hingewiesen, daß in guter Übereinstimmung mit den Untersuchungen von RODJAKIN [9] sowie CHLIPOV und ESIN [20] bei längerer Einwirkung elektrischer Felder (0,2 A, 18 V) bereits innerhalb kurzer Versuchszeiten ein großer Teil der feinst dispersen Metall- bzw. Sulfidemulsionen (<10^{-1} cm) technischer Schlacken an den Elektroden mit ausgebracht werden konnte. Die experimentell für diese Tropfendurchmesser festgestellten Beweglichkeiten übersteigen damit um das Hundertfache die rechnerisch ermittelten Geschwindigkeiten. Aus der Vergrößerung aufgegebener Tropfen während des Wanderns in technischen Schlacken ist zu schließen, daß sich – ähnlich wie bei den Modellversuchen mit Hg-Tröpfchen in Glycerinlösungen festgestellt werden konnte – feinere Emulsionen unter Ein-

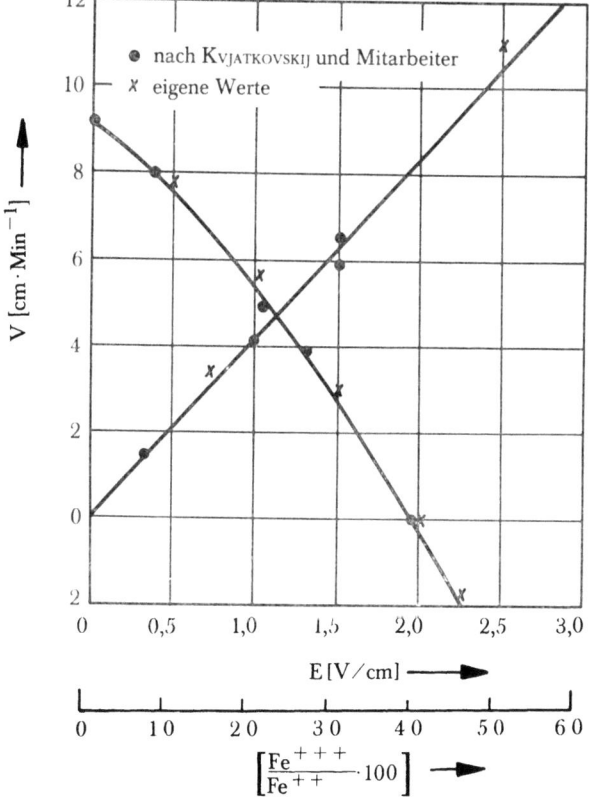

Abb. 17 Abhängigkeit der Wanderungsgeschwindigkeit der Bleitröpfchen von der elektrischen Feldstärke und vom Fe^{3+}/Fe^{2+}-Verhältnis eisenoxydulhaltiger Schlackenschmelzen

Tab. 7 *Wanderungsgeschwindigkeit von Metallen und Sulfiden in FeO-haltigen synthetischen und technischen Schlacken* (Feldstärke $E = 1,5$ V/cm; Wanderungsrichtung: Kathode)

Tropfenmaterial	Schlacken-Nr.	Temperatur [°C]	Viskosität η [P]	Elektrische Leitfähigkeit [$\Omega^{-1} \cdot cm^{-1}$]	Tropfenradius r [cm]	Geschwindigkeit V [cm/sec]	Beweglichkeit v [cm/V · sec]
Cu	3	1310	1	3,5	0,13	0,15	0,77
Cu	4	1266	1	3,5	0,12	0,12	0,66
Cu	5	1266	1,9	1,1	0,12	0,25	1,4
Pb	3	1250	1	3,5	0,16	0,43	1,9
Pb	4	1250	1	3,5	0,16	0,75	3,2
Pb	5	1220	2,2	0,9	0,17	0,1	0,41
Cu-Stein	3	1215	1,2	3,7	0,16	0,11	0,45
Cu-Stein	4	1256	1	3,5	0,16	0,6	2,7
Cu-Stein	5	1240	2	0,95	0,17	0,1	0,4
PbCu-Stein	3	1205	1,4	3,3	0,15	0,46	2
PbCu-Stein	4	1215	1	3,7	0,13	0,56	2,9
PbCu-Stein	5	1230	2	0,9	0,18	0,1	0,36
Ni_3S_2	3	1250	1	3,5	0,12	0,1	0,67
Ni_3S_2	4	1285	1	3,7	0,11	0,09	0,55
Ni_3S_2	5	1235	2	0,95	0,12	0,1	0,6

wirkung eines elektrischen Feldes rasch verschmelzen bzw. mit den größeren Tropfen vereinigen.

Die bisher vorliegenden Versuchsergebnisse reichen jedoch nicht aus, um über die im elektrischen Feld ausbringbaren Metallgehalte Genaueres aussagen zu können. Darüber hinaus wäre anzuführen, daß sich die bisher durchgeführten Laboruntersuchungen auf ruhende Schlackenschmelzflüsse mit relativ kleinem Querschnitt erstreckten.

Unter Berücksichtigung dieser Tatsachen kann der nachfolgende Hinweis über den möglichen Energieaufwand eines solchen elektrokinetischen Prozesses zur Rückgewinnung der Metallinhalte aus Schlacken nur mit erheblichen Einschränkungen angeführt werden. Geht man von dem Beispiel des eingangs erwähnten Bleischachtofenprozesses aus (Tab. 2), bei dem ein Schlackenanfall von etwa 120 tato zu verzeichnen war, so ergibt sich bei einer mittleren Wichte der Schlacke von etwa 3 bis 3,8 g/cm³ eine stündlich fließende Schlackenmenge von 2 m³, oder mit Mittel von etwa 0,3 l/sec. Die Durchflußgeschwindigkeit durch eine Schlackenrinne vom Querschnitt 10×10 cm würde sich damit etwa zu 3 cm/sec ergeben. Bei einem angenommenen Abstand der in die Schlackenrinne eintauchenden Elektroden von etwa 70 cm errechnet sich an Hand der in Abb. 11 wiedergegebenen elektrischen Leitfähigkeitswerte von Bleischachtofenschlacken (Mittelwerte: $\varkappa = 0,5 \, \Omega^{-1} \cdot cm^{-1}$; spez. Widerstand $= 2 \, \Omega \cdot cm$) ein Widerstandswert von 1,4 Ω. Bei Anlegen eines Feldes von 1 V/cm oder 3 V/cm würde die Spannung zwischen den Elektroden 70 bzw. 210 V betragen und ein Strom von etwa 50 bzw. 140 A fließen. Der Energieaufwand beträgt für beide Systeme dann etwa 0,6 bzw. 5,3 kW/t Schlacke. Im Vergleich zu dem Wert der Metallgehalte in den Schlacken stellt dieser Energieaufwand, auch wenn er je nach Schlackenzusammensetzung und unter anderen Abstandsverhältnissen in weit ungünstigeren Bereichen liegen sollte, einen nur unerheblichen Kostenfaktor dar. Es muß jedoch noch weiteren Versuchen vorbehalten bleiben, wie weit sich eine Abtrennung der Metallgehalte nach diesem Verfahren technisch realisieren läßt.

Zusammenfassend kann über die bisher durchgeführten Laboruntersuchungen und die hierbei erzielten Versuchsergebnisse gesagt werden, daß im horizontalen elektrischen Feld mit technisch interessanten Wanderungsgeschwindigkeiten der Metallinhalte von Schlacken zu rechnen ist. Es ist jedoch zu bemerken, daß auf Grund der bisher durchgeführten Kurzzeitversuche im Labormaßstab, die in ruhenden Schlackenschichten und mit relativ großen Tröpfchenradien durchgeführt wurden, Folgerungen über die praktischen Anwendungsmöglichkeiten dieses elektrokinetischen Verfahrens verständlicherweise nur mit erheblichen Einschränkungen möglich sind.

Zusammenfassung

Die vorliegende Arbeit vermittelt einen Überblick über die Ergebnisse orientierender chemischer Untersuchungen, Elektronenmikrosonde-Aufnahmen sowie Schleuderversuche zur Bestimmung der Art und Form von Blei- und Kupferverlusten in Bleischachtofenschlacken und über Laborversuche zur Abtrennung der in Form von Emulsionen in den Schlackenschmelzen enthaltenen Metallmengen auf elektrokinetischem Wege.
Im Rahmen der elektrokinetischen Versuchsreihen wurden sowohl in synthetischen eisenoxydulfreien und eisenoxydulhaltigen Silikatschmelzen als auch in geschmolzenen Bleischachtofenschlacken das Verhalten und die Beweglichkeit von Blei-, Kupfer-, Blei-Kupferstein-, Nickelsulfid- und Kupfersteintröpfchen im horizontalen elektrischen Feld näher überprüft. Die Ergebnisse dieser Versuche zeigen, daß in Abhängigkeit einer Reihe chemischer und physikalischer Einflußgrößen im untersuchten Feldstärkebereich von 1 bis 3 V/cm die Wanderungsgeschwindigkeiten der Metall- und Steintröpfchen in den Schlackenschmelzen Werte von 0,2 bis 15 cm/sec erreichen können.

Den Herren Dipl.-Ing. IHOR STRATICZUK und Dipl.-Ing. WALTER IWANOWSKY, die im Rahmen ihrer Diplomarbeiten einen Teil der vorliegenden Untersuchungen durchführten, danken wir an dieser Stelle. Herrn Dipl. Phys. R. SAMANS und Herrn M. CROMBACH danken wir für die Mithilfe bei der Durchführung der mikroskopischen und elektronenstrahlmikroanalytischen Untersuchungen.

Literaturverzeichnis

[1] WINTERHAGER, H., und R. KAMMEL, Erzmetall **14** (1961), S. 319.
[2] WINTERHAGER, H., und R. KAMMEL, Erzmetall **14** (1961), S. 441.
[3] RUDDLE, E. W., Difficulties encountered in Smelting in the Lead Blast Furnace. Inst. of Mining and Metallurgy, London 1957.
[4] WIESE, W., Erzmetall **16** (1963), S. 386 und 452.
[5] MEYER, H. W., und F. D. RICHARDSON, Bull. Inst. Min. Met. **70** (1962), S. 201.
[6] RICHARDSON, F. D., und T. C. M. PILLAY, Bull. Inst. Min. Met. **605** (1957), S. 309.
[7] KVJATKOVSKIJ, A. N., O. A. ESIN, M. A. ABDEEV und O. A. CHAN, Izvestija Akademii Nauk SSSR O.T.N. Metallurgija i Toplivo 1961, H. 2, S. 43–48.
[8] TAFEL, V., Lehrbuch der Metallhüttenkunde, 2. Aufl., Bd. 1, 2 und 3, Leipzig, Hirzel-Verlag, 1954.
[9] RODJAKIN, V. V., Cvetnye Metally 1958, H. 8, S. 21–24.
[10] LIPIN, B. V., Cvetnye Metally 1957, H. 9, S. 31–36.
[11] RASIN, G. A., und G. V. CHETAGUROV, Izvestija vyssich ucebnych zavedenij cvetnaja Metallurgija 1959, H. 6, S. 112–120.
[12] EDWARDS, A. G., Proc. Austr. Inst. Min. Metall. 154/155 (1949), S. 41.
[13] OLDRIGHT, G. L., und v. MILLER, Trans. AIME **121** (1936), S. 82.
[14] MANSON, W. McA., und E. R. SEGNIT, Proc. Austr. Inst. Min. Metall. (1956), **180**, S. 119–147, 18 Abb., 9 Lit.
[15] WIESE, W., Erzmetall **17** (1964), S. 298.
[16] KAMMEL, R., R. SAMANS und H. WINTERHAGER, Microchimica Acta (demnächst).
[17] LUNDQUIST, S., Erzmetall **7** (1954), S. 14.
[18] LANGE, A., und W. LINDENLAUB, Bergakademie (Freiburg), **11**, 399–407, Juli 1959.
[19] NESTLER, H., Ber. dtsch. Akad. Wiss. Berlin 1, 776/777, 1959.
[20] CHILIPOV, V. V., und O. A. ESIN, Doklady Akademii Nauk SSSR 1958, Tom 123, H. 2, S. 320–323.
[21] CHILIPOV, V. V., und O. A. ESIN, DAN SSSR 1958, Tom 120, Nr. 1, Fiziceskaja Chimija.
[22] SCUROVSKIJ, V. G., Izv. Akad. Nauk Kazachskoj SSR. Ser. Metallurgii (1960), **3**, S. 57–68, 9 Tab., 8 Lit.
[23] SELJUDJAKOV, L. N., G. Z. KIP'JAKOV und L. S. LJUBIMOVA, Izvestija Akademii Nauk Kasachskaj SSR 1958, H. 8, S. 38–45.
[24] GARENSKICH, A. D., A. T. DROBTSCHENKO, B. N. RANSKI und L. N. SCHELUDJAKOW, Nachr. Akad. Wiss. Kasach SSR 17, Nr. 5, 27–30, Mai 1961.
[25] SMIRNOV, V. J., JU. A. JABLONOVSKIJ und A. V. KLJUERA, Cvetnye Metally 1956, H. 9, S. 22–24.
[26] CEJDLER, A. A., Cvetnye Metally 1956, H. 8, S. 36–40.
[27] BARKER, I. L., J. S. JAKOBI und B. H. WADIA, J. Metals **9**, Trans. AIME 209 (1957), S. 775–780.

[28] PUCHANIN, J. N., Nichteisenmetalle (UdSSR), **4**, Nr. 5 (1961), S. 74, Nordkaus. Inst.
[29] BRYK, P., Erzmetall IV (1951), S. 449.
[30] BURKE, J. J., J. Metals, Vol. 11 (1959), 829.
[31] FITZGERALD, E. J., J. Metals, Vol. 13 (1961), 135.
[32] SMIRNOV, V. J., JU. A. JABLONSKIJ, A. J. TICHONOV und B. V. LEBED, Cvetnye Metally, H. 9 (1962), 50.
[33] KORTÜM, G., Lehrbuch der Elektrochemie, Verlag Chemie, Weinheim 1957.
[34] LANGE, E. und H. GÖHR, Thermodynamische Elektrochemie, Hüthig-Verlag, Heidelberg 1962.
[35] WINTERHAGER, H. und K. HOFFMANN, Forschungsbericht des Wirtschafts- und Verkehrsministeriums Nordrhein-Westfalen Nr. 867. Westdeutscher Verlag, Köln–Opladen 1960.
[36] WINTERHAGER H., L. GREINER und R. KAMMEL, Forschungsbericht des Landes Nordrhein-Westfalen Nr. 1630, Westdeutscher Verlag, Köln–Opladen 1966.
[37] KAMMEL, R., Kobalt Nr. 21 (1963), S. 159.
[38] KOZAKEVITCH, P., Phys. Chem. of Process Metallurgy, Part 1, S. 97, Interscience Publishers, New York 1961.
[39] FRUMKIN, A. H., und V. G. LEWIC, Zurnal frziceskoi chimii **19** (1945), 573.

FORSCHUNGSBERICHTE
DES LANDES NORDRHEIN-WESTFALEN

Herausgegeben im Auftrage des Ministerpräsidenten Dr. Franz Meyers
vom Landesamt für Forschung, Düsseldorf

HÜTTENWESEN · WERKSTOFFKUNDE

HEFT 4
*Prof. Dr. med. Erich A. Müller und
Dipl.-Ing. H. Spitzer, Max-Planck-Institut für
Arbeitsphysiologie, Dortmund*
Untersuchungen über die Hitzebelastung in Hüttenbetrieben
1952. 20 Seiten, 5 Abb., 1 Tabelle. DM 9,—

HEFT 48
Max-Planck-Institut für Eisenforschung, Düsseldorf
Spektrochemische Analyse der Gefügebestandteile in Stählen nach ihrer Isolierung
1953. 31 Seiten, 12 Abb., 5 Tabellen. DM 7,80

HEFT 49
Max-Planck-Institut für Eisenforschung, Düsseldorf
Untersuchungen über Ablauf der Desoxydation und die Bildung von Einschlüssen in Stählen
1953. 45 Seiten, 19 Abb., 3 Tabellen. Vergriffen

HEFT 50
Max-Planck-Institut für Eisenforschung, Düsseldorf
Flammenspektralanalytische Untersuchung der Ferritzusammensetzung in Stählen
1953. 34 Seiten, 15 Abb., 4 Tabellen. Vergriffen

HEFT 74
Max-Planck-Institut für Eisenforschung, Düsseldorf
Versuche zur Klärung des Umwandlungsverhaltens eines sonderkarbidbildenden Chromstahls
1954. 48 Seiten, 10 Abb. DM 14,—

HEFT 75
Max-Planck-Institut für Eisenforschung, Düsseldorf
Zeit-Temperatur-Umwandlungs-Schaubilder als Grundlage der Wärmebehandlung der Stähle
1954. 34 Seiten, 13 Abb. DM 8,70

HEFT 89
Verein Deutscher Ingenieure, Gleitlagerforschung, Düsseldorf, und Prof. Dr.-Ing. G. Vogelpohl, Göttingen
Versuche mit Preßstoff-Lagern für Walzwerke
1954. 57 Seiten, 34 Abb. Vergriffen

HEFT 96
Dr.-Ing. Paul Koch, Dortmund
Austritt von Exoelektronen aus Metalloberflächen unter Berücksichtigung der Verwendung des Effektes für die Materialprüfung
1954. 21 Seiten, 13 Abb. DM 7,—

HEFT 105
Dr.-Ing. Robert Meldau, Harsewinkel/Westf.
Auswertung von Gekörn - Analysen des Musterstaubes »Flugasche Fortuna I«
1955. 28 Seiten, 14 Abb. DM 8,50

HEFT 132
Prof. Dr. phil. nat. W. Seith, Münster
Über Diffusionserscheinungen in festen Metallen
1955. 27 Seiten, 19 Abb., 4 Tabellen. Vergriffen

HEFT 143
Prof. Dr. phil. Franz Wever, Dr. phil. Adolf Rose und Dipl.-Ing. W. Straßburg, Max-Planck-Institut für Eisenforschung, Düsseldorf
Härtbarkeit und Umwandlungsverhalten der Stähle
1955. 33 Seiten, 12 Abb., 3 Tabellen. Vergriffen

HEFT 153
*Prof. Dr. phil. Franz Wever,
Dr.-Ing. Wilhelm Anton Fischer und
Dipl.-Ing. J. Engelbrecht, Düsseldorf*
I. Die Reduktion sauerstoffhaltiger Eisenschmelzen im Hochvakuum mit Wasserstoff und Kohlenstoff
II. Einfluß geringer Sauerstoffgehalte auf das Gefüge und Alterungsverhalten von Reineisen
1955. 42 Seiten, 15 Abb., 2 Tabellen. DM 12,40

HEFT 154
*Prof. Dr.-Ing. P. Bardenheuer und
Dr.-Ing. Wilhelm Anton Fischer, Düsseldorf*
Die Verschlackung von Titan aus Stahlschmelzen im sauren und basischen Hochfrequenzofen unter verschiedenen Schlacken
1955. 23 Seiten, 10 Abb., 1 Tabelle. DM 7,95

HEFT 162
Prof. Dr. phil. Franz Wever,
Prof. Dr. rer. techn. Albert Kochendörfer und
Dr.-Ing. Chr. Rohrbach, Max-Planck-Institut für Eisenforschung, Düsseldorf
Kennzeichnung der Sprödbruchneigung von Stählen durch Messung der Fließspannung, Reißspannung und Brucheinschnürung an dreiachsig beanspruchten Proben
1955. 46 Seiten, 26 Abb. DM 13,—

HEFT 170
Prof. Dr. phil. Franz Wever, Dr. phil. Adolf Rose und Dipl.-Ing. L. Rademacher, Max-Planck-Institut für Eisenforschung, Düsseldorf
Anwendung der Umwandlungsschaubilder auf Fragen der Werkstoffauswahl beim Schweißen und Flammhärten
1955. 51 Seiten, 25 Abb. DM 13,70

HEFT 205
Dr. Carl Schaarwächter, Laboratorium für Rostschutz und Oberflächentechnik, Düsseldorf
Über plastische Kupfer-Eisen-Phosphor-Legierungen
1956. 25 Seiten, 10 Abb., 10 Tabellen. DM 8,30

HEFT 227
Prof. Dr. phil. Franz Wever und Dr. Wolfgang Wepner, Max-Planck-Institut für Eisenforschung, Düsseldorf
Untersuchung der Alterungsneigung von weichen unlegierten Stählen durch Härteprüfung bei Temperaturen bis 300° C
1956. 24 Seiten, 20 Abb., 3 Tabellen. DM 7,95

HEFT 228
Prof. Dr. phil Franz Wever, Dr. phil. Walter Koch und Dr. rer. nat. Bernd Alexander Steinkopf, Max-Planck-Institut für Eisenforschung, Düsseldorf
Spektrochemische Grundlagen der Analyse von Gemischen aus Kohlenmonoxyd, Wasserstoff und Stickstoff
1956. 31 Seiten, 18 Abb., 1 Tabelle. DM 9,90

HEFT 229
Prof. Dr. phil. Franz Wever, Dr. phil Walter Koch und Dr.-Ing. Hanns Malissa, Max-Planck-Institut für Eisenforschung, Düsseldorf
Über die Anwendung disubstituierter Dithiocarbamate der analytischen Chemie
1955. 30 Seiten, 30 Abb., 5 Tabellen. DM 10,50

HEFT 230
Prof. Dr. phil. Franz Wever und Dr. phil. Wolfgang Wepner, Max-Planck-Institut für Eisenforschung, Düsseldorf
Bestimmung kleiner Kohlenstoffgehalte im α-Eisen durch Dämpfungsmessung
1955. 19 Seiten, 5 Abb., 2 Tabellen. DM 7,70

HEFT 234
Dr.-Ing K. G. Speith und Dr.-Ing A. Bungeroth Duisburg
Versuche zur Steigerung des Kokillen-Schluckvermögens beim Stranggießen von Stahl
1956. 15 Seiten, 5 Abb. DM 6,15

HEFT 244
Prof. Dr. phil. Franz Wever, Dr. phil. Walter Koch und Dr. Siegfried Eckhard, Max-Planck-Institut für Eisenforschung, Düsseldorf
Erfahrungen mit der spektrochemischen Analyse von Gefügebestandteilen des Stahles
1956. 22 Seiten, 8 Abb., 2 Tabellen. DM 7,80

HEFT 263
Prof. Dr. phil. Heinrich Lange und Dipl.-Phys. Rudolf Kohlhaas, Institut für theoretische Physik der Universität Köln
Über die Wärmeleitfähigkeit von Stählen bei hohen Temperaturen: Teil I: Literaturbericht
1956. 37 Seiten, 26 Abb., 8 Tabellen. DM 10,70

HEFT 268
Prof. Dr.-Ing. G. Vogelpohl, VDI, Max-Planck-Institut für Strömungsforschung, Göttingen
Über die Tragfähigkeit von Gleitlagern und ihre Berechnung
1956. 66 Seiten, 24 Abb., 7 Tabellen. Vergriffen

HEFT 283
Prof. Dr.-phil Franz Wever und Dr.-Ing. Werner Lueg, Max-Planck-Institut für Eisenforschung, Düsseldorf
Warmstauchversuche zur Ermittlung der Formänderungsfestigkeit von Gesenkschmiede-Stählen
1956. 31 Seiten, 19 Abb. DM 9,90

HEFT 288
Dr. phil Kurt Brücker-Steinkuhl, Düsseldorf
Anwendung mathematisch-statistischer Verfahren in der Industrie
1956. 103 Seiten, 28 Abb., 14 Tabellen. Vergriffen

HEFT 290
Dr. rer. nat. Dietrich Horstmann, Max-Planck-Institut für Eisenforschung, Düsseldorf
I. Der verstärkte Angriff des Zinks auf Eisen im Temperaturgebiet um 500° C
II. Einfluß eines Antimongehaltes auf den Angriff von Zinkschmelzen auf Eisen
1956. 36 Seiten, 33 Abb., 3 Tabellen. DM 11,90

HEFT 291
Dr.-Ing. Hans-Joachim Wiester und Dr. rer. nat. Dietrich Horstmann, Max-Planck-Institut für Eisenforschung, Düsseldorf
Der Angriff eisengesättigter Zinkschmelzen auf silizium- und manganhaltiges Eisen
1956. 40 Seiten, 45 Abb., 8 Tabellen. DM 12,60

HEFT 311
Prof. Dr. phil. Franz Wever und
Dr. phil. nat. Max Hempel, Düsseldorf
Dauerschwingfestigkeit von Stählen bei erhöhten Temperaturen
Teil I: Erkenntnisse aus bisherigen Dauerschwingversuchen in der Wärme
1956. 36 Seiten, 19 Abb., 2 Tabellen. DM 10,90

HEFT 312
Prof. Dr. phil. Franz Wever und
Dr. phil. nat. Max Hempel, Max-Planck-Institut für Eisenforschung, Düsseldorf
Dauerschwingfestigkeit von Stählen bei erhöhten Temperaturen
Teil II: Zug-Druck-Dauerschwingversuche an zwei warmfesten Stählen bei Temperaturen von 500 bis 650°C
1956. 36 Seiten, 20 Abb., 3 Tabellen. DM 13,—

HEFT 313
Prof. Dr. phil. Franz Wever, Dr. phil. Walter Koch und Dipl.-Phys. Helga Rohde, Max-Planck-Institut für Eisenforschung, Düsseldorf
Änderungen des Habitus und der Gitterkonstanten des Zementits in Chromstählen bei verschiedenen Wärmebehandlungen
1956. 76 Seiten, 20 Abb., 8 Tabellen. DM 20,90

HEFT 314
Prof. Dr. phil. Franz Wever,
Dr.-Ing. habil. Alfred Krisch und
Dr.-Ing. Hans-Joachim Wiester, Max-Planck-Institut für Eisenforschung, Düsseldorf
Veränderungen im Gefügeaufbau von Chrom-Nickel-Molybdän-Stählen bei langzeitiger Beanspruchung im Zeitstandversuch bei 500°
1956. 35 Seiten, 26 Abb., 5 Tabellen. DM 11,70

HEFT 315
Prof. Dr. phil. Franz Wever und
Dr.-Ing. habil. Alfred Krisch, Max-Planck-Institut für Eisenforschung, Düsseldorf
Metallkundliche Untersuchungen an Zeitstandproben
1956. 25 Seiten, 12 Abb. DM 9,15

HEFT 336
Dr. phil. Tung-ping Yao, Gießerei-Institut der Rhein.-Westf. Technischen Hochschule Aachen
Die Viskosität metallischer Schmelzen
1956. 53 Seiten, 28 Abb., 2 Tabellen. DM 14,40

HEFT 342
Prof. Dr.-Ing. Helmut Winterhager und
Dipl.-Ing. Wolfgang Barthel, Aachen
Die Gewinnung von Titan-Schlacken-Konzentraten aus eisenreichen Ilmeniten
1956. 47 Seiten, 30 Abb., 6 Tabellen. DM 13,30

HEFT 348
Prof. Dr.-Ing. Eugen Piwowarsky † und
Dr.-Ing. Ernst Günter Nickel. Gießerei-Institut der Rhein.-Wstf. Technischen Hochschule Aachen
Metallurgie eines hochwertigen Gußeisens mit kompakter bis kegelförmiger Graphitausbildung
1956. 46 Seiten, 27 Abb., 5 Tabellen. DM 13,30

HEFT 349
Dr.-Ing. Wilhelm-Anton Fischer,
Dr.-Ing. Helmut Treppschuh und
Dr.-Ing. Karl Heinz Köthemann, Max-Planck-Institut für Eisenforschung, Düsseldorf
Tiegel aus Schmelzmagnesia für Vakuuminduktionsöfen
1957. 23 Seiten, 14 Abb. DM 8.40

HEFT 367
Dr. rer. nat. Dietrich Horstmann, Max-Planck-Institut für Eisenforschung, Düsseldorf
Der Angriff eisengesättigter Zinkschmelzen auf kohlenstoff-, schwefel- und phosphorhaltiges Eisen
1957. 42 Seiten, 22 Abb., 6 Tabellen. DM 12,85

HEFT 392
Prof. Dr. phil. Franz Wever,
Dr. phil. Walter Koch, Düsseldorf,
Dr.-Ing. Helmut Knüppel,
Dr. rer. nat. Bernd Alexander Steinkopf,
Dipl.-Ing. Karl Ernst Mayer und
Dipl.-Phys. Gert Wiethoff, Dortmund
Untersuchungen über den Konverterrauch im Hinblick auf die spektrale Überwachung des Thomasprozesses
1957. 36 Seiten, 14 Abb., 4 Tabellen. DM 12,10

HEFT 407
Prof. Dr.-Ing. Dr.-Ing. E. h. Hermann Schenk, Aachen und Dr.-Ing. Werner Wenzel, Bad Godesberg
Entwicklungsarbeiten auf dem Gebiete der Verhüttung von Erzstaub in Schmelzkammern
1957. 71 Seiten, 9 Abb., 18 Tabellen. DM 17,10

HEFT 408
Prof. Dr. phil. Franz Wever, Dr.-Ing. Werner Lueg und Dr.-Ing. Hans Günter Müller, Max-Planck-Institut für Eisenforschung, Düsseldorf
Kraft- und Arbeitsbedarf beim Warmscheren von Stahl in Abhängigkeit von Temperatur und Schnittgeschwindigkeit
1957. 33 Seiten, 15 Abb., 3 Tabellen. DM 11,35

HEFT 409
Prof. Dr. phil. Franz Wever,
Dr. phil. Walter Koch,
Dr. rer. nat. Christa Ilschner-Gensch und
Dipl.-Phys. Helga Rohde, Max-Planck-Institut für Eisenforschung, Düsseldorf
Das Auftreten eines kubischen Nitrids in aluminiumlegierten Stählen
1957. 26 Seiten, 12 Abb., 3 Tabellen. DM 10,10

HEFT 410
Prof. Dr. phil. Franz Wever,
Prof. Dr. rer. techn. Albert Kochendörfer,
Dr. phil. nat. Max Hempel und
Dipl.-Phys. Emil Hillenhagen, Max-Planck-Institut für Eisenforschung, Düsseldorf
Biegewechselversuche mit Flachproben aus Alpha-Eisen-Kristallen zur Bestimmung der Wechselfestigkeit und der Gleitspuren
1957. 100 Seiten, 58 Abb., 3 Tabellen. DM 30,—

HEFT 455
Dr.-Ing. Wilhelm Anton Fischer,
Dr.-Ing. Helmut Treppschuh und
Dipl.-Phys. Karl Heinz Köthemann, Max-Planck-Institut für Eisenforschung, Düsseldorf
Erschmelzung von Reinsteisen nach dem Kohlenstoffproduktionsverfahren und Kerbschlagzähigkeit-Temperatur-Kurven dieses Eisens
1957. 25 Seiten, 7 Abb., 6 Tabellen. DM 9,35

HEFT 456
Privatdozent Dr.-Ing. Karl Bungardt, Krefeld
Zeitstandversuche an austenitischen Stählen und Legierungen
1958. 23 Seiten und Anhang mit Abbildungen und Tafeln z. T. auf Falttafeln. DM 19,85

HEFT 457
Prof. Dr. phil. Franz Wever und
Dr. phil. Wolfgang Wepner, Max-Planck-Institut für Eisenforschung, Düsseldorf
Dämpfungsmessungen an schwach gereckten Eisen-Kohlenstoff-Legierungen
1957. 22 Seiten, 7 Abb., 3 Tabellen. DM 8,40

HEFT 458
Prof.-Ing. Dr.-Ing. E. h. Hermann Schenck und
Dr.-Ing. Eugen Schmidtmann, Aachen,
Dr.-Ing. Hans Kosmider, Dr.-Ing. Herbert Neuhaus und Dr.-Ing. Alfred Krüger, Haspe
Das Frischen von Thomas-Roheisen mit Sauerstoff-Wasserdampf-Gemischen und die Eigenschaften der damit erblasenen Stähle
1957. 50 Seiten, 56 Abb. DM 16,35

HEFT 459
Prof. Dr. phil. Franz Wever,
Dr. phil. Otto Krisement und Hanna Schädler, Max-Planck-Institut für Eisenforschung, Düsseldorf
Ein isothermes Mikrokalorimeter zur kinetischen Messung von Umwandlungs- und Ausscheidungsvorgängen in Legierungen
1957. 31 Seiten, 14 Abb. DM 10,75

HEFT 460
Prof. Dr. phil. Franz Wever und
Dr. rer. nat. Bernhard Ilschner, Max-Planck-Institut für Eisenforschung, Düsseldorf
Ein isothermes Lösungskalorimeter zur Bestimmung thermo-dynamischer Zustandsgrößen von Legierungen
1957. 31 Seiten, 7 Abb., 4 Tabellen. DM 10,40

HEFT 461
Prof. Dr.-Ing. habil. Eugen Piwowarsky †
Prof. Dr.-Ing. Wilhelm Patterson und
Dipl.-Ing. Friedrich Wilhelm Iske, Gießerei-Institut der Rhein.-Westf. Technischen Hochschule Aachen
Verbesserung der Zähigkeitseigenschaften von Bessemer-Stahlguß
1957. 41 Seiten, 15 Abb., 16 Tabellen. DM 12,75

HEFT 492
Prof. Dr. phil. Josef Meixner und
Dr. rer. nat. Bruno Munz, Institut für theoretische Physik der Rhein.-Westf. Technischen Hochschule Aachen
Zur Theorie der irreversiblen Prozesse in α-Eisen
1958. 10 Seiten, 1 Abb. DM 5,70

HEFT 519
Prof. Dr. phil. Franz Wever,
Dr. phil. Walter Koch und
Dr. phil. Siegfried Eckhard, Max-Planck-Institut für Eisenforschung, Düsseldorf
Die spektrographische Bestimmung der Spurenelemente in Stahl ohne vorherige Abbrennung
1958. 36 Seiten, 22 Abb. DM 12,60

HEFT 542
Dr. phil. nat. Gerhard Zapf, Schwelm
Entwicklung eines Verfahrens zur Herstellung von Formteilen aus Sintermessing
1958. 43 Seiten, 23 Abb., 7 Tabellen. DM 15,15

HEFT 552
Dr.-Ing. Gerhard Leiber und
Dipl.-Ing. Dieter Schauwinhold, Duisburg-Hamborn
Versuche zur Erzeugung halbberuhigten Stahles
1958. 28 Seiten, 23 Abb., 6 Tabellen. DM 11,30

HEFT 562
Prof. Dr.-Ing. Dr.-Ing. E. h. Hermann Schenck,
Prof. Dr. phil. habil. Norbert G. Schmahl und
Dr.-Ing. Götz Funke, Institut für Eisenhüttenwesen der Rhein.-Westf. Technischen Hochschule Aachen
Die Reduzierbarkeit von Eisenerzen
1958. 101 Seiten, 89 Abb., 10 Tabellen. DM 29,25

HEFT 573
Prof. Dr. phil. Franz Wever,
Dr. rer. nat. Werner Jellinghaus und
Dr.-Ing. Toshimori Shuin, Max-Planck-Institut für Eisenforschung, Düsseldorf
Gemischt-keramische Sinterwerkstoffe aus Aluminiumoxyd und Eisen oder Eisenlegierungen
1958. 76 Seiten, 39 Abb., 17 Tabellen. DM 22,65

HEFT 586
Dr.-Ing. Wilhelm Anton Fischer und
Dr. rer. nat. Alfred Hoffmann, Max-Planck-Institut für Eisenforschung, Düsseldorf
Verhalten von Eisen- und Stahlschmelzen im Hochvakuum
1958. 41 Seiten, 10 Abb., 13 Tabellen. DM 14,50

HEFT 597
Prof. Dr. phil. Franz Wever,
Dr. phil. Wilhelm Wink und
Dr. rer. nat. Werner Jellinghaus, Max-Planck-Institut für Eisenforschung, Düsseldorf
Suszeptibilitätsmessungen an hochwarmfesten Legierungen auf Nickel-Chrom- und Kobalt-Nickel-Chrom-Grundlage
1958. 34 Seiten, 10 Abb., 5 Tabellen. DM 12,—

HEFT 599
Prof. Dr. phil. Walter Koch und
Dipl.-Phys. Dr. phil. Heinz Sundermann, Max-Planck-Institut für Eisenforschung, Düsseldorf
Elektrochemische Grundlagen der Isolierung von Gefügebestandteilen in metallischen Werkstoffen
1958. 50 Seiten, 26 Abb., 2 Tabellen. DM 17,60

HEFT 600
Prof. Dr. phil. Walter Koch, Dr. phil. Siegfried Eckhard und Dr. rer. nat. Friedrich Stricker, Max-Planck-Institut für Eisenforschung, Düsseldorf
Die lichtelektrische Spektralanalyse der Gase im Stahl
1958. 53 Seiten, 27 Abb., 9 Tabellen. DM 15,10

HEFT 620
Dr. rer. nat. Dietrich Horstmann, Max-Planck-Institut für Eisenforschung und Gemeinschaftsausschuß Verzinken, Düsseldorf
Der Einfluß von Aluminium im Eisen- und im Zinkbad auf den Zinkangriff
1958. 29 Seiten, 17 Abb., 3 Tabellen. DM 9,40

HEFT 628
Dipl.-Ing. Walter Panknin und
Dipl.-Ing. Wolfgang Möhrlin, Verein Deutscher Ingenieure ADB, Düsseldorf
Die Ermittlung der Fließkurven von Schraubenwerkstoffen
1958. 20 Seiten, 8 Abb. DM 6,40

HEFT 630
Prof. Dr. phil. Walter Koch und
Dr. techn. Dipl.-Ing. Hanns Malissa, Max-Planck-Institut für Eisenforschung, Düsseldorf
Beiträge zur Spurenanalyse im Reinsteisen
1958. 25 Seiten, 8 Tabellen. DM 7,60

HEFT 644
Prof. Dr.-Ing. Franz Bollenrath, Institut für Werkstoffkunde an der Rhein.-Westf. Technischen Hochschule Aachen
Untersuchung einiger mechanischer Eigenschaften von Sinteraluminium S. A. P. und S. A. P.-Avional
1958. 24 Seiten, 26 Abb. DM 8,10

HEFT 697
Prof. Dr.-Ing. Theodor Gast,
Dr.-Ing. Karl-Max Frhr. v. Meysenburg und
Prof. Dr.-Ing. Otto Krischer, Technische Hochschule Darmstadt
Untersuchung über die Erwärmungsvorgänge bei der Verarbeitung härtbarer und thermoplastischer Kunststoffe
1959. 91 Seiten, 34 Abb., 4 Tabellen. DM 16,90

HEFT 706
Prof. Dr.-Ing. Dr.-Ing. E. h. Hermann Schenck und
Dr.-Ing. Hans Esch, Institut für Eisenhüttenwesen der Rhein.-Westf. Technischen Hochschule Aachen
Zur Untersuchung der Hochofenvorgänge
1959. 32 Seiten, 23 Abb. DM 9,90

HEFT 737
Prof. Dr.-Ing. habil. Karl Krekeler,
Dr.-Ing. Heinz Peukert und Dipl.-Ing. Josef Eilers, Institut für Kunststoffverarbeitung an der Rhein.-Westf. Technischen Hochschule Aachen
Festigkeitsuntersuchungen an Rohren aus Thermoplasten
1959. 66 Seiten, 84 Abb. DM 19,40

HEFT 748
Prof. Dr. phil. nat. habil. Hans-Ernst Schwiete,
Dr.-Ing. Harald Knoblauch und
Dr. rer. nat. Günther Ziegler, Institut für Gesteinshüttenkunde der Rhein.-Westf. Technischen Hochschule Aachen
Die Hydratation der Verbindungen 3 CaO · SiO_2 und ß-2 CaO · SiO_2
1959. 56 Seiten, 22 Abb., 14 Tabellen. DM 15,70

HEFT 780
Prof. Dr. phil. Franz Wever,
Dr.-Ing. Werner Lueg und Dr.-Ing. Paul Funke, Max-Planck-Institut für Eisenforschung, Düsseldorf
Untersuchung von Walzöl und Walzölemulsionen im Kaltwalzversuch
1959. 68 Seiten, 28 Abb., mehr. Tabellen. DM 18,50

HEFT 788
Prof. Dr.-Ing. Herwart Opitz, Laboratorium für Werkzeugmaschinen und Betriebslehre an der Rhein.-Westf. Technischen Hochschule Aachen
Der Einsatz radioaktiver Isotope bei Zerspanungsuntersuchungen
1959. 35 Seiten, 23 Abb. DM 11,30

HEFT 797
Prof. Dr. phil. Heinrich Lange und
Dr. rer. nat. Rudolf Kohlhaas, Institut für theoretische Physik der Universität Köln
Über die wahre spezifische Wärme von Eisen, Nickel und Chrom bei hohen Temperaturen
Neue Verfahren zur Messung der wahren spezifischen Wärme von Metallen bei hohen Temperaturen
1960. 115 Seiten, 38 Abb., 24 Tabellen. DM 31,20

HEFT 798
Dr. rer. nat. Karl Wassmann, Mönchengladbach
Einfluß der Schutzgasatmosphäre auf die Eigenschaften von Sinterstahl
1959. 94 Seiten, 65 Abb., 19 Tabellen. DM 27,—

HEFT 799
Dipl.-Ing. Helmut Weiss, Frankfurt a. M.
Aufkohlung und Härtung von Sintereisen-Werkstoffen
1960. 61 Seiten, 56 Abb., 2 Tabellen. DM 18,80

HEFT 800
Dipl.-Ing. Otto Schindler, Lehrstuhl für Stahlbau, Technische Hochschule Hannover
Untersuchungen an geschweißten Hüttenkranen
Ein Beitrag zur Berechnung dünnwandiger Hohlkästen
    1959. 46 Seiten, 14 Abb., 2 Tabellen. DM 13,20

HEFT 801
Baurat Dipl.-Ing. Waldemar Gesell, Staatliche Ingenieurschule für Maschinenwesen, Duisburg
Ersatz von Quarzsand als Strahlmittel
    1960. 66 Seiten, 12 Abb., 4 Tabellen. 17 Diagramme.
    DM 18,90

HEFT 833
Prof. Dr.-Ing. Helmut Winterhager und Dr.-Ing. Dan Hubert Hermes, Institut für Metallhüttenwesen und Elektrometallurgie der Rhein.-Westf. Technischen Hochschule Aachen
Anodennebenreaktionen bei der Silberraffinationselektrolyse
    1960. 55 Seiten, 21 Abb., 10 Tabellen. DM 15,60

HEFT 834
Prof. Dr.-Ing. Helmut Winterhager und Dr.-Ing. Klaus Reiprich, Institut für Metallhüttenwesen und Elektrometallurgie der Rhein.-Westf. Technischen Hochschule Aachen
Studie über den Glänzabbau des Reinstaluminiums in Flußsäure enthaltenden chemischen Glänzbädern
    1960. 92 Seiten, 88 Abb., 7 Tabellen. DM 27,30

HEFT 840
Prof. Dr. phil. Franz Wever, Dr.-Ing. Hans-Günter Müller und Dr.-Ing. Paul Funke, Max-Planck-Institut für Eisenforschung, Düsseldorf
Versuchsmäßige und rechnerische Bestimmung von Walzkraft und Drehmoment unter Einwirkung von Bandzugspannungen beim Kaltwalzen von Bandstahl
    1960. 36 Seiten, 12 Abb., 3 Tafeln. DM 10,90

HEFT 841
Dr. rer. nat. Hubert Blanck, Max-Planck-Institut für Eisenforschung, Düsseldorf
Untersuchungen zur Kinetik des Martensitzerfalls
    1960. 33 Seiten, 11 Abb., 2 Tabellen. DM 10,30

HEFT 849
Direktor Ludwig Martin, Wuppertal-Elberfeld und Friedrich Steiner, Ratingen
Weiterentwicklung von Friktionswerkstoffen
    1960. 66 Seiten, 70 Abb., 3 Tabellen. DM 20,50

HEFT 939
Prof. Dr.-Ing. habil. Wilhelm Petersen und Dipl.-Ing. Hans Mingenbach, Dozentur für Brikettierung der Rhein.-Westf. Technische Hochschule Aachen
Untersuchungen über die Herstellung von Erzbriketts
    1961. 83 Seiten, 67 Abb., 2 Tabellen. DM 25,60

HEFT 957
Prof. Dr.-Ing. Dr.-Ing. E. h. Hermann Schenck, Prof. Dr.-Ing. Eugen Schmidtmann und Dr.-Ing. Helmut Brandis, Institut für Eisenhüttenwesen der Rhein.-Westf. Technischen Hochschule Aachen
Mechanische und physikalische Prüfverfahren zur Ermittlung der Vorgänge bei der Abschreck- und Verformungsalterung
    1961. 47 Seiten, 34 Abb. DM 14,90

HEFT 958
Prof. Dr.-Ing. Dr.-Ing. E. h. Hermann Schenck, Prof. Dr.-Ing. Eugen Schmidtmann und Dr.-Ing. Heinz Müller, Institut für Eisenhüttenwesen der Rhein.-Westf. Technischen Hochschule Aachen
Untersuchungen zur Isolierung von Einschlüssen und Korngrenzensubstanzen in Eisenwerkstoffen nach dem Dünnschliffverfahren. Innere Oxydation von Eisenlegierungen
    1961. 50 Seiten, 33 Abb., 2 Tabellen. DM 15,90

HEFT 961
Prof. Dr.-Ing. Wilhelm Patterson und Dr.-Ing. Dietmar Boenisch, Gießerei-Institut der Rhein.-Westf. Technischen Hochschule Aachen
Eigenschaften und Eigenschaftsänderungen der Tonmineralien in Formsanden
    1961. 33 Seiten, 16 Abb. DM 10,90

HEFT 962
Prof. Dr.-Ing. Wilhelm Patterson und Dr.-Ing. Philipp Schneider, Gießerei-Institut der Rhein.-Westf. Technischen Hochschule Aachen
Untersuchungen über die Oberflächenfeingestalt von Gußstücken
    1961. 69 Seiten, 52 Abb., 1 Bildtafel. DM 20,80

HEFT 963
Prof. Dr.-Ing. Wilhelm Patterson und Dr.-Ing. Wilhelm Weskamp, Gießerei-Institut der Rhein.-Westf. Technischen Hochschule Aachen
Versuche zur Steigerung der Temperatur in der Schmelzzone des Kupolofens und zur Erzielung eines optimalen thermischen Wirkungsgrades durch Verwendung von HC-Koks in unterschiedlicher Stückgröße
    1961. 87 Seiten, 29 Abb., 30 Tabellen. DM 28,30

HEFT 964
Prof. Dr.-Ing. Wilhelm Patterson und Dr.-Ing. Friedrich Iske, Gießerei-Institut der Rhein.-Westf. Technischen Hochschule Aachen
Zusammenhang zwischen den mechanischen Eigenschaften im Gußstück und im getrennt gegossenen Probestab
    1961. 82 Seiten, 53 Abb., 13 Tabellen. DM 23,80

HEFT 968
Prof. Dr.-Ing. habil. Anton Königer †, Institut für Gießereikunde der Technischen Universität Berlin
Zur Kenntnis der Passivierbarkeit und Korrosionsbeständigkeit technischer Eisensorten
    1961. 25 Seiten, 7 Abb., 8 Tabellen. DM 8,90

HEFT 969
Prof. Dr. phil. Erich Scheil, Düsseldorf
Über den Zustand von Metallschmelzen
1961. 37 Seiten, 23 Abb., 2 Tabellen. DM 11,90

HEFT 970
Prof. Dr.-Ing. Anton Königer † und
Dipl.-Ing. Günther Kuhl, Institut für Gießereikunde der Technischen Universität Berlin
Der Einfluß verschiedener Begleit- und Legierungselemente auf das Viskositätsverhalten von Gußeisenschmelzen
1961. 26 Seiten, 14 Abb., 6 Tabellen. DM 8,60

HEFT 1016
Dr. rer. nat. W. Jellinghaus, Max-Planck-Institut für Eisenforschung, Düsseldorf
Sinterwerkstoffe aus Nickel oder Nickelaluminid mit Aluminiumoxyd
1961. 33 Seiten, 22 Abb., 6 Tabellen. DM 13,50

HEFT 1057
Prof. Dr.-Ing. Dr.-Ing. E. h. Hermann Schenck, Dr.-Ing. Werner Wenzel und
Dr.-Ing. Hanns-Dieter Butzmann, Institut für Eisenhüttenwesen der Rhein.-Westf. Technischen Hochschule Aachen
Die Reduktion von Eisenerzen im heterogenen Wirbelbett
1961. 87 Seiten, 32 Abb., 5 Tabellen. DM 28,20

HEFT 1067
Prof. Dr.-Ing. Dr.-Ing. E. h. Hermann Schenck und
Dr.-Ing. Klaus-Dieter Unger, Institut für Eisenhüttenwesen der Rhein.-Westf. Technischen Hochschule Aachen
Versuche zur Bestimmung von Verunreinigungen in Metallen; insbesondere von Oxyden und Oxydverbindungen in technischen Stählen
1962. 34 Seiten, 10 Abb., 3 Tabellen. DM 13,40

HEFT 1068
Prof. Dr.-Ing. Dr.-Ing. E. h. Hermann Schenck, Dr.-Ing. Werner Wenzel, Dr.-Ing. Günter Lindelar, Prof. Dr.-Ing. Rudolf Spolders und
Dr.-Ing. Hilmar Weidenmüller, Institut für Eisenhüttenwesen der Rhein.-Westf. Technischen Hochschule Aachen
Der Einfluß des Schwefels und der Kohlenoxydspaltung auf den Hochofenprozeß
1962. 222 Seiten, 99 Abb., 51 Tabellen. DM 49,50

HEFT 1083
Prof. Dr.-Ing. Franz Bollenrath und
Ahmed Ali Salem El-Sabbagh, Institut für Werkstoffkunde der Rhein.-Westf. Technischen Hochschule Aachen
Untersuchungen über die Warmfestigkeit von Hartlötverbindungen
1963. 80 Seiten, 88 Abb., 7 Tabellen. DM 59,40

HEFT 1092
Prof. Dr.-Ing. habil. Anton Königer † und
Dr.-Ing. Manfred Odendahl, Institut für Gießereikunde der Technischen Universität Berlin
Der Einfluß von Oxyden auf die Viskosität von reinen Eisen-Kohlenstoff-Silizium-Legierungen
1962. 23 Seiten, 9 Abb. DM 10,40

HEFT 1093
Dr.-Ing. Wolf Dieter Röpke und
Dr.-Ing. Abbas Sabé, Institut für Gießereikunde der Technischen Universität Berlin
Das Fließvermögen und die Warmrißneigung von Stahl mit besonderer Berücksichtigung des Einflusses von hohen Molybdängehalten
1962. 37 Seiten, 21 Abb., 4 Tabellen. DM 17,—

HEFT 1094
Prof. Dr.-Ing. habil. Anton Königer † und
Prof. Dr. phil. Emanuel Pfeil, Institut für Gießereikunde der Technischen Universität Berlin
Versuche zur Entwicklung von Korrosions-Prüfmethoden
1962. 23 Seiten, 7 Abb., 3 Tabellen. DM 10,80

HEFT 1113
Dr. rer. nat. Wolfgang Pitsch, Max-Planck-Institut für Eisenforschung, Düsseldorf
Die kristallographischen Eigenschaften der Nitridausscheidungen im α-Eisen
1962. 21 Seiten, 8 Abb., 3 Tabellen. DM 11,—

HEFT 1114
Dipl.-Chem. Dr. phil. Siegfried Eckhard und
Dipl.-Phys. Walter Baum, Max-Planck-Institut für Eisenforschung, Düsseldorf
Über ein physikalisches Verfahren zur Bestimmung des Wasserstoffs im ternären Gemisch mit Stickstoff und Kohlenmonoxyd
1962. 63 Seiten, 31 Abb. DM 39,80

HEFT 1122
Prof. Dr.-Ing. Dr.-Ing. E. h. Hermann Schenck, Dozent Dr.-Ing. Werner Wenzel und
Dr.-Ing. Günther Dietrich, Institut für Eisenhüttenwesen der Rhein.-Westf. Technischen Hochschule Aachen
Reaktionskinetische Betrachtung des Sintervorganges und Möglichkeiten zur Leistungssteigerung. Entwicklung eines Schachtsinterverfahrens
1962. 93 Seiten, 24 Abb., 5 Tabellen. DM 44,50

HEFT 1158
Dr.-Ing. habil. Alfred Krisch, Max-Planck-Institut für Eisenforschung, Düsseldorf
Über die Extrapolation von Zeitstandversuchen
1963. 31 Seiten, 13 Abb., 2 Tabellen. DM 17,50

HEFT 1190
Dipl.-Ing. Otto Schulte, Bericht aus dem Institut für Bildsame Formgebung der Rhein.-Westf. Technischen Hochschule Aachen
Einfluß kleiner Formänderungsgeschwindigkeiten auf die Formänderungsfestigkeit verschieden legierter Stähle und Nicht-Eisen-Metalle bei Warm-Formgebungstemperaturen
1966. 92 Seiten, 79 Abb., 3 Tabellen. DM 72,—

HEFT 1191
Prof. Dr.-Ing. habil. Anton Königer †,
Dr.-Ing. Manfred Odendahl und Eberhard Pahl, Institut für Gießereikunde der Technischen Universität Berlin
Über die Bildsamkeit von tongebundenen Formsanden
1963. 33 Seiten, 21 Abb., 4 Tabellen. DM 18,—

HEFT 1192
*Prof. Dr.-Ing. habil. Anton Königer † und
Dr.-Ing. Peter R. Sahm, Institut für Gießereikunde der
Technischen Universität Berlin*
Das Fließvermögen reiner und sauerstoffhaltiger
Kupferschmelzen
1963. 47 Seiten, 38 Abb. 3 Tabellen. DM 31,80

HEFT 1193
*Prof. Dr.-Ing. Helmut Winterhager und
Dr.-Ing. Reinhard K. Buchner, Institut für Metall-
hüttenwesen und Elektrometallurgie der Rhein.-Westf.
Technischen Hochschule Aachen*
Beitrag zum experimentellen Problem der Messung
schneller Elektrodenvorgänge
1963. 40 Seiten, 14 Abb. DM 17,—

HEFT 1194
*Dr. rer. nat. Werner Jellinghaus, Max-Planck-Institut
für Eisenforschung, Düsseldorf*
Beiträge zur Konstitution metallischer Stoffe durch
Suszeptibilitätsmessungen
1963. 25 Seiten, 8 Abb., 3 Tabellen. DM 14,—

HEFT 1253
*Dipl.-Ing. Alfred Puck, Dipl.-Ing. Horst Wurtinger,
Deutsches Kunststoffinstitut, Darmstadt*
Werkstoffgemäße Dimensionierungs-Größen für
den Entwurf von Bauteilen aus kunstharzgebun-
denen Glasfasern
Teil I und II
1963. 149 Seiten, 73 Abb., 8 Tabellen. DM 76,—

HEFT 1305
*Dr. phil. Hermann Möller und
Dipl.-Phys. Helmut Weeber, Max-Planck-Institut für
Eisenforschung, Düsseldorf*
Die Bildgüte bei der Durchstrahlung von Werk-
stoffen mit Röntgen- oder Gammastrahlen von
0,1 bis 31 MeV
1963. 69 Seiten, 40 Abb., 2 Tabellen. DM 32,90

HEFT 1344
*Prof. Dr.-Ing. Dr.-Ing. E. h. Hermann Schenck,
Dozent Dr.-Ing. Werner Wenzel,
Dr.-Ing. Hans D. Kluger, Institut für Eisenhütten-
wesen der Rhein.-Westf. Technischen Hochschule Aachen*
Über das Reduktionsverhalten eisenoxydhaltiger
Schlacken
*1964. 91 Seiten, 60 Abb., 6 Tabellen im Anhang.
DM 44,—*

HEFT 1355
*Dr.-Ing. habil. Alfred Krisch, Max-Planck-Institut für
Eisenforschung, Düsseldorf*
Kriechverhalten, Gefügeänderung und Risse bei
mehrjährigen Zeitstandversuchen
1964. 27 Seiten, 17 Abb., 6 Tabellen. DM 14,80

HEFT 1379
*Dr. phil. nat. Max Hempel, Max-Planck-Institut für
Eisenforschung, Düsseldorf*
Dauerschwingfestigkeit bei 20 und 500°C von
Stählen mit niedrigem Kohlenstoffgehalt und ver-
schiedenen Titan-Zusätzen
1964. 58 Seiten, 27 Abb., 12 Tabellen. DM 34,—

HEFT 1384
*Dr. rer. nat. Hans-Jürgen Engell, Dr. rer. nat. Anton
Bäumel und Dr. rer. nat. Konrad Bohnenkamp, Max-
Planck-Institut für Eisenforschung, Düsseldorf*
Die Spannungsrißkorrosion von Weicheisen in
Kalzium-Nitratlösungen
1964. 46 Seiten, 27 Abb., 2 Tabellen. DM 25,50

HEFT 1385
*Prof. Dr.-Ing. Helmut Winterhager und Dr.-Ing. Roland
Kammel, Institut für Metallhüttenwesen und Elektro-
metallurgie der Rhein.-Westf. Technischen Hochschule
Aachen*
Über die elektrochemischen Grundlagen der Zink-
chlorid-Schmelzflußelektrolyse
1964. 52 Seiten, 22 Abb., 24 Tabellen. DM 25,50

HEFT 1387
*Dipl.-Chem. Wolfgang Werner, im Auftrage der Deut-
schen Industrie-Werke Aktiengesellschaft, Berlin-Spandau*
Verbesserung der Eigenschaften von Sinterteilen
durch Nachbehandlung (Oberflächenveredelung,
Korrosionsschutz)
1964. 44 Seiten, 21 Abb., 16 Tabellen. DM 23,80

HEFT 1391
*Dipl.-Phys. Dr. rer. nat. Ernst Wachtel und Dipl.-Phys.
Erich Übelacker, Max-Planck-Institut für Metallfor-
schung, Stuttgart, im Auftrage des Vereins Deutscher
Gießereifachleute, Düsseldorf*
Messung der Dichte und der magnetischen Sus-
zeptibilität von Zinn-Zink-Legierungen
1964. 42 Seiten, 23 Abb., 4 Tabellen. DM 23,50

HEFT 1398
*Prof. Dr.-Ing. Eberhard Schürmann und Dr.-Ing. Horst-
Carsten Groth, Institut für Gießereiwesen der Berg-
akademie Clausthal, im Auftrage des Vereins Deutscher
Gießereifachleute, Düsseldorf*
Schmelzgleichgewichte im System Eisen-Schwefel-
Kohlenstoff-Phosphor und Silizium bei 1400°C
1964. 31 Seiten, 6 Abb., 6 Tabellen. DM 15,50

HEFT 1403
*Dr. phil. nat. Gerhard Zapf, Dipl.-Ing. Ulrich Völker
und Ing. Rudolf Reinstadtler, im Auftrage der Forschungsgemeinschaft Pulvermetallurgie, Schwelm*
Entwicklung von Fertigungsmethoden zur Erzeugung hochfester Sinterteile, Teil I und II
*1965. 170 Seiten, 54 Abb., 13 Tabellen, 29 Aus-
wertungstafeln, 55 Diagramme. DM 74,50*

HEFT 1414
Prof. Dr. phil. Walter Koch, Dipl.-Phys. Helga Kolbe-Rohde und Dr. rer. nat. Jürgen Dittmann, Max-Planck-Institut für Eisenhüttenwesen der Rhein.-Westf. Technischen Hochschule Aachen
Untersuchungen zur Kinetik der Karbidbildung in Chromstählen
1964. 21 Seiten, 6 Abb., 4 Tabellen. DM 12,—

HEFT 1415
Prof. Dr.-Ing. Dr.-Ing. E. h. Hermann Schenck, Dozent Dr.-Ing. Werner Wenzel und Dr.-Ing. Trimbak Herwadkar, Institut für Eisenhüttenwesen der Rhein.-Westf. Technischen Hochschule Aachen
Stückigmachung von Feinerz auf dem Wanderrost in Gemischen mit Feinkohle
1964. 100 Seiten, 34 Abb., 21 Tabellen. DM 43,80

HEFT 1416
Prof. Dr.-Ing. Dr. h. c. Herwart Opitz und Dipl.-Ing. H. H. Bech, Laboratorium für Werkzeugmaschinen und Betriebslehre der Rhein.-Westf. Technischen Hochschule Aachen, im Auftrage des Vereins Deutscher Gießereifachleute, Düsseldorf
Bearbeitung von Leichtmetallen
1964. 39 Seiten, 22 Abb., 5 Tabellen. DM 26,50

HEFT 1419
Prof. Dr. phil. Adolf Rose, Dr.-Ing. Hans Paul Hougardy und Dr.-Ing. Albert Klein, Max-Planck-Institut für Eisenforschung, Düsseldorf
Der Einfluß der Unterkühlung auf die Kristallisationsformen von voreutektoidisch ausgeschiedenen Phasen und von eutektoidischen Phasengemengen
1964. 83 Seiten, 51 Abb., 4 Tabellen. DM 47,50

HEFT 1420
Prof. Dr. phil. Erich Scheil † und Dr. rer. nat. Hans Leo Lukas, im Auftrage des Vereins Deutscher Gießereifachleute, Düsseldorf
Messung des Dampfdruckes von magnesiumhaltigen Gußeisenschmelzen
1964. 19 Seiten, 8 Abb. DM 12,—

HEFT 1428
Prof. Dr.-Ing. Max Vater, Dipl.-Ing. Gerhard Nebe und Dipl.-Ing. Ansgar Schütza, Institut für Bildsame Formgebung der Rhein.-Westf. Technischen Hochschule Aachen
Mechanische Entzunderung von Blechen und Bändern
1965. 104 Seiten, 124 Abb., 6 Tabellen. DM 66,80

HEFT 1447
Dr. phil. Wolfgang Wepner, Max Planck-Institut für Eisenforschung, Düsseldorf
Restwiderstandsmessungen an reinem Eisen
1964. 23 Seiten, 5 Abb., 2 Tabellen. DM 12,50

HEFT 1448
Dr. rer. nat. Ralf Damm und Dr. rer. nat. Ernst Wachtel, Max-Planck-Institut für Metallforschung, Stuttgart, im Auftrage des Vereins Deutscher Gießereifachleute, Düsseldorf
Magnetische Messungen und kinetische Versuche an flüssigen Wismut-Mangan-Legierungen
1965. 25 Seiten, 9 Abb. DM 12,80

HEFT 1474
Prof. Dr.-Ing. Max Vater, Dipl.-Ing. Gerhard Nebe und Dipl.-Ing. Ansgar Schütza, Institut für Bildsame Formgebung der Rhein.-Westf. Technischen Hochschule Aachen
Beitrag zur mechanischen Entzunderung von Draht
1965. 35 Seiten, 19 Abb. DM 19,80

HEFT 1482
Prof. Dr. Theo Heumann und Richard Schürmann, Institut für Metallforschung der Universität Münster
Über die Beeinflussung der Passivierbarkeit aktiver Metalle durch Zulegieren von Chrom und Nickel
1965. 43 Seiten, 27 Abb. DM 23,50

HEFT 1487
Dr.-Ing. Werner Schwenzfeier und Dr.-Ing. Oskar Pawelski, Max-Planck-Institut für Eisenforschung, Düsseldorf
Glühversuche an Stahldrähten in verschiedenen Ofenatmosphären
1965. 45 Seiten, 34 Abb., 2 Tabellen. DM 25,80

HEFT 1491
Prof. Dr.-Ing. Wilhelm Patterson, Dr.-Ing. Peter Coppetti
Gießerei-Institut der Rhein.-Westf. Technischen Hochschule Aachen
Prof. Dr.-Ing. Dr. h. c. Herwart Opitz
Laboratorium für Werkzeugmaschinen und Betriebslehre der Rhein.-Westf. Technischen Hochschule Aachen
Zerspanbarkeit von Grauguß
1965. 109 Seiten, 54 Abb., 5 Tabellen. 59,50

HEFT 1492
Dr. phil. nat. Max Hempel und Dr. rer. nat. Emil Hillnhagen, Max-Planck-Institut für Eisenforschung, Düsseldorf
Einfluß der Erschmelzungsart auf die Dauerschwingfestigkeit ungekerbter und gekerbter Proben eines Wälzlagerstahles
1965. 63 Seiten, 21 Abb., 12 Tabellen. DM 38,—

HEFT 1495
Prof. Dr.-Ing. Wilhelm Patterson, Dr.-Ing. Helmut Brand und Dipl.-Ing. Heinrich Traßl, Gießerei-Institut der Rhein.-Westf. Technischen Hochschule Aachen
Das Viskositätsverhalten flüssiger Bleilegierungen im Konzentrationsbereich der festen Löslichkeit
1965. 24 Seiten, 9 Abb., 2 Tabellen. DM 13,—

HEFT 1496
Prof. Dr. phil. Karl Löhberg und Dipl.-Ing. Günther Kühl, Institut für Gießereikunde der Technischen Universität Berlin, im Auftrage des Vereins Deutscher Gießereifachleute, Düsseldorf
Einfluß von Magnesium und Cer auf die Viskosität behandelter Gußeisenschmelzen sowie Abbrand des Magnesiums und Änderung des Sauerstoffgehaltes in Abhängigkeit von der Abstehzeit
1965. 26 Seiten, 7 Abb., 5 Tabellen. DM 12,80

HEFT 1502
Prof. Dr.-Ing. Wilhelm Patterson, Dr.-Ing. Walter Koppe und Dr.-Ing. Siegfried Engler, Gießerei-Institut der Rhein.-Westf. Technischen Hochschule Aachen
Untersuchungen zur Erstarrung und Speisung von Gußeisen
1965. 96 Seiten, 51 Abb., 3 Tabellen. DM 52,80

HEFT 1503
Prof. Dr.-Ing. Max Vater, Dipl.-Ing. Gerhard Nebe und Dipl.-Ing. Ansgar Schütza, Institut für Bildsame Formgebung der Rhein.-Westf. Technischen Hochschule Aachen
Beitrag zur Prüfung metallischer Strahlmittel
1965. 77 Seiten, 69 Abb., 11 Tabellen. DM 49,—

HEFT 1534
Prof. Dr. phil. Adolf Rose, Max-Planck-Institut für Eisenforschung, Düsseldorf
Schweißbarkeit und Umwandlungsverhalten der Stähle
1965. 57 Seiten, 20 Abb., 5 Tabellen. DM 39,—

HEFT 1552
Fachausschuß Stahlguß im Verein Deutscher Gießereifachleute, Düsseldorf
Einfluß der Oberflächenbeschaffenheit auf die Dauerfestigkeit von Stahlguß
1965. 38 Seiten, zahlr. Abb. und Tabellen. DM 24,80

HEFT 1571
Dr. phil. Heinz Kudielka und M. Sc. Teruo Yukitoshi, Max-Planck-Institut für Eisenforschung, Düsseldorf
Röntgenfluoreszenz-Untersuchungen an kleinen Feststoff-Oberflächen und konzentrierten Salzlösungen
1965. 48 Seiten, 24 Abb., 13 Tabellen. DM 29,50

HEFT 1578
Prof. Dr.-Ing. Franz Bollenrath und Dipl.-Ing. Hugo Feldmann, Institut für Werkstoffkunde der Rhein.-Westf. Technischen Hochschule Aachen
Einfluß der Verformung und Temperatur auf mechanische Eigenschaften von unlegiertem Titan
1966. 103 Seiten, 43 Abb., 11 Tabellen. DM 62,50

HEFT 1580
Prof. Dr.-Ing. Hermann Schenck und Dr.-Ing. Franz Neumann, Institut für Eisenhüttenwesen und Gießerei-Institut der Rhein-Westf. Hochschule Aachen
Über den Einfluß von Zusatzelementen auf das Verhalten des Kohlenstoffs in flüssigen Eisenlegierungen und die Beziehung zu ihrer Stellung im Periodischen System
1966. 29 Seiten, 15 Abb., 2 Tabellen. DM 23,—

HEFT 1589
Prof. Dr.-Ing. Dr.-Ing. E. h. Hermann Schenck, Aachen, Prof. Dr.-Ing. habil. Mathias Nacken, Aachen, Dr.-Ing. Ernst Potthast, Völklingen, und Dipl.-Phys. Edith Butenuth, Aachen.
Institut für Eisenhüttenwesen und Gemeinschaftslabor für Elektronenmikroskopie der Rhein.-Westf. Technischen Hochschule Aachen
Untersuchungen über die Existenzbereiche der Eisenkarbide mit Hilfe der Elektronenmikroskopie und Elektronenbeugung
1966. 81 Seiten, 47 Abb., 6 Tabellen. DM 55,30

HEFT 1591
Prof. Dr.-Ing. Wilhelm Patterson und Dozent Dr.-Ing. Siegfried Engler, Gießerei-Institut der Rhein.-Westf. Technischen Hochschule Aachen
Volumendefizit und Lunkerung bei der Erstarrung von Metallen
1966. 51 Seiten, 29 Abb., 5 Tabellen. DM 31,—

HEFT 1592
Prof. Dr.-Ing. habil. Dr. h. c. Max Fink und Dr.-Ing. Alfred E. Steinegger, Institut für Fördertechnik und Schienenfahrzeuge der Rhein.-Westf. Technischen Hochschule Aachen.
Direktor: Prof. Dr.-Ing. habil. Dr. h. c. Max Fink und Forschungsinstitut der Gesellschaft zur Förderung der Glimmentladungsforschung e. V., Köln.
Direktor: Prof. Dr. Martin Schmeisser
Die Erscheinung der Reiboxydation an ionitrierten Stahloberflächen
1965. 83 Seiten, 10 Abb., 16 Tabellen, 15 Tafeln. DM 49,50

HEFT 1615
Prof. Dr.-Ing. Wilhelm Patterson und Dozent Dr.-Ing. Siegfried Engler, Gießerei-Institut der Rhein.-Westf. Technischen Hochschule Aachen
Die »gerichtete Erstarrung« als Voraussetzung zur Herstellung dichter Gußstücke
1966. 33 Seiten, 17 Abb., 2 Tabellen. DM 18,—

HEFT 1617
Dr.-Ing. Alfred F. Steinegger und Dipl.-Ing. Josef Kläusler, Forschungsinstitut der Gesellschaft zur Förderung der Glimmentladungsforschung e. V., Köln
Direktor: Prof. Dr. Martin Schmeißer
Untersuchung der Notlaufeigenschaften inoitrierter Laufflächen bei gleitender Reibung
1966. 39 Seiten, 28 Abb., 5 Tabellen. DM 24,20

HEFT 1622
Prof. Dr.-Ing. Wilhelm Patterson, Prof. Dr.-Ing. Hermann Schenck und Priv.-Doz. Dr.-Ing. Franz Neumann Gießerei-Institut der Rhein.-Westf. Technischen Hochschule Aachen und Institut für Eisenhüttenwesen der Rhein.-Westf. Technischen Hochschule Aachen
Einfluß der Eisenbegleiter auf Kohlenstofflöslichkeit, Kohlenstoffaktivität und Sättigungsgrad im Gußeisen
1966. 30 Seiten, 5 Abb., 2 Tabellen. DM 24,—

HEFT 1626
Prof. Dr.-Ing. Dr.-Ing. E. h. Hermann Schenck, Dozent Dr.-Ing. Werner Wenzel, Dr.-Ing. B. R. Rajasekhar und Dipl.-Phys. Franz Rudolf Block, Institut für Eisenhüttenwesen der Rhein.-Westf. Technischen Hochschule Aachen
Das metallurgische und elektrische Verhalten von Koks, insbesondere von Erzkoks, unter den realen Bedingungen des elektrischen Niederschachtofens
1966. 135 Seiten, 76 Abb., 20 Tabellen. DM 85,80

HEFT 1627
Prof. Dr.-Ing. Dr.-Ing. E. h. Hermann Schenck, Dozent Dr.-Ing. Werner Wenzel und Dr.-Ing. Karl-Heinz Kleemann, Institut für Eisenhüttenwesen der Rhein.-Westf. Technischen Hochschule Aachen
Entzinkung von Gichtstaub im Schmelzsyklon
1966. 82 Seiten, 33 Abb., 2 Tabellen. DM 43,40

HEFT 1628
Prof. Dr.-Ing. Wilhelm Patterson und Dr.-Ing. Wolfgang Standke, Gießerei-Institut der Rhein.-Westf. Technischen Hochschule Aachen, in Zusammenarbeit mit dem Verein Deutscher Gießereifachleute, Düsseldorf
Einfluß der Einsatzstoffe, der Schmelzführung im Induktionsofen und der Impfbehandlung auf das Gefüge und die mechanischen Eigenschaften von Gußeisen mit Lamellengraphit
1966. 69 Seiten, 33 Abb., 7 Tabellen. DM 40,—

HEFT 1629
Priv.-Dozent Dr.-Ing. Franz Neumann, Prof. Dr.-Ing. Wilhelm Patterson und Dipl.-Ing. Dieter Albrecht, Gießerei-Institut der Rhein.-Westf. Technischen Hochschule Aachen
Gleichgewichtsuntersuchungen über den gemeinsamen Einfluß von Mangan und Schwefel auf das physikalisch-chemische Verhalten des im flüssigen Eisen gelösten Kohlenstoffs im Bereich der Kohlenstoffsättigung
1966. 40 Seiten, 14 Abb., 4 Tabellen. DM 28,70

HEFT 1630
Prof. Dr.-Ing. Helmut Winterhager, Dr.-Ing. Lothar Greiner und Dr.-Ing. Roland Kammel, Institut für Metallhüttenwesen und Elektrometallurgie der Rhein.-Westf. Technischen Hochschule Aachen
Untersuchungen über die Dichte und die elektrische Leitfähigkeit von Schmelzen der Systeme $CaO-Al_2O_3-SiO_2$ und $CaO-MgO-Al_2O_3-SiO_2$
1966. 44 Seiten, 23 Abb., 6 Tabellen. DM 30,—

HEFT 1644
Dipl.-Ing. Ralf Fangmeier und Dr. phil. Wolfgang Wepner, Max-Planck-Institut für Eisenforschung, Düsseldorf
Versuchseinrichtung und Versuche zur Erholung eines austenitischen Stahles nach plastischer Verformung bei $4,2°K$
1966. 31 Seiten, 5 Abb. DM 18,40

HEFT 1659
Prof. Dr.-Ing. Wilhelm Patterson und Dr.-Ing. Dietmar Boenisch, Gießerei-Institut der Rhein.-Westf. Technischen Hochschule Aachen
Die Wasserbindung an Tonen und ihre Bedeutung für die Festigkeit des Gießereiformsandes
1966. 35 Seiten, 8 Abb., 1 Tabelle. DM 18,80

HEFT 1695
Dr. rer. nat. Dietrich Meinhardt, Max-Planck-Institut für Eisenforschung, Düsseldorf
Strukturbestimmung durch Kernstreuung und magnetische Streuung thermischer Neutronen
1966. 44 Seiten, 14 Abb., 11 Tabellen. DM 32,30

HEFT 1743
Dr.-Ing. Alfred F. Steinegger und Dipl.-Ing. Siegfried Jentzsch, Gesellschaft zur Förderung der Glimmentladungsforschung e. V., Köln. – Direktor: Prof. Dr. Martin Schmeisser
Das Verhalten ionitrierter Oberflächen beim statischen Torsionsversuch
1966. 39 Seiten, 19 Abb., 2 Tabellen. DM 24,40

HEFT 1745
Dr. phil. nat. Gerhard Zapf, Dipl.-Ing. Jörg Niessen und Ing. Rudolf Reinstadtler, Forschungsgemeinschaft Pulvermetallurgie e. V., Schwelm
Untersuchung über die Wärmebehandlung legierter Sinterstähle mit Kupfer und Nickel als Legierungselemente
1966. 41 Seiten, 32 Abb., 6 Tabellen. DM 32,—

HEFT 1746
Dipl.-Phys. Franz-Rudolf Block, Roetgen, Prof. Dr.-Ing., Dr.-Ing. E. h. Hermann Schenck, Aachen, und Dozent Dr.-Ing. Werner Wenzel, Aachen, Institut für Eisenhüttenwesen der Rhein.-Westf. Technischen Hochschule Aachen
Der Gegenstromwärmeaustausch in Wirbelbetten
In Vorbereitung

HEFT 1752
Priv.-Doz. Dr.-Ing. Günther Woelk, Institut für Industrieofenbau und Wärmetechnik im Hüttenwesen der Rhein.-Westf. Technischen Hochschule Aachen
Ein Näherungsverfahren zur numerischen Berechnung instationärer Temperaturfelder
In Vorbereitung

HEFT 1753
Prof. Dr.-Ing. Helmut Winterhager und Dr.-Ing. Roland Kammel, Institut für Metallhüttenwesen und Elektrometallurgie der Rhein.-Westf. Technischen Hochschule Aachen
Über die Metallgehalte in den Schlacken des Bleischachtofenprozesses und ihr Verhalten im elektrischen Feld

HEFT 1775
Dr.-Ing. Oskar Pawelski und Dr.-Ing. Eberhard Neuschütz, Max-Planck-Institut für Eisenforschung, Düsseldorf
Beitrag zu den Grundlagen des Walzens in Streckkalibern *In Vorbereitung*

HEFT 1786
Dipl.-Ing. Siegfried Jentzsch und Dr.-Ing. Alfred F. Steinegger, Forschungsinstitut der Gesellschaft zur Förderung der Glimmentladungsforschung e.V., Köln
Direktor: Prof. Dr. Martin Schmeisser
Der Einfluß chemisch aktiver und inaktiver Gase bei der Behandlung von Stahloberflächen in der Glimmentladung *In Vorbereitung*

HEFT 1802
Prof. Dr. phil. Walter Koch und Dipl.-Chem. Dr. rer. nat. Günter Holec, Max-Planck-Institut für Eisenforschung, Düsseldorf
Isolierung und Untersuchungen der Oxydeinschlüsse in unberuhigten und teilberuhigten Stählen
In Vorbereitung

HEFT 1804
Prof. Dr.-Ing. habil. Wilhelm Anton Fischer und Dr.-Ing. Michael Haussmann, Max-Planck-Institut für Eisenforschung, Düsseldorf
Elektrochemische Messungen an Eisen–Sauerstoff-Schmelzen *In Vorbereitung*

HEFT 1805
Prof. Dr.-Ing. habil. Wilhelm Anton Fischer und Dr.-Ing. Werner Ertmer, Max-Planck-Institut für Eisenforschung, Düsseldorf
Die Untersuchung des Wärmeinhalts, der Wärmeleitfähigkeit und der elektrischen Leitfähigkeit von Schmelzkalk, Band I und II *In Vorbereitung*

HEFT 1806
Dr. rer. nat. Priv.-Doz. Werner Schaarwächter, Frankfurt, Dipl.-Ing. Liselotte Jasper, Aachen und Prof. Dr. rer. nat. Kurt Lücke, Institut für Allgemeine Metallkunde und Metallphysik der Rhein.-Westf. Technischen Hochschule Aachen
Der Einfluß der Versetzungsstruktur auf die Kristallauflösung *In Vorbereitung*

HEFT 1808
Prof. Dr.-Ing. Wilhelm Patterson und Dr.-Ing. Wolfgang Standke, Gießerei-Institut der Rhein.-Westf. Technischen Hochschule Aachen
Bestimmungsverfahren und Größe der Schlagzähigkeit von Gußeisen mit Lamellengraphit
In Vorbereitung

HEFT 1818
Prof. Dr.-Ing. Wilhelm Patterson und Dr.-Ing. Günter Dietzel, Gießerei-Institut der Rhein.-Westf. Technischen Hochschule Aachen
Beitrag zur Frage von Eigenspannungen im Graugruß *In Vorbereitung*

HEFT 1819
Prof. Dr. phil. Adolf Rose, Ratingen und Dr.-Ing. Leo Rademacher, Witten, Max-Planck-Institut für Eisenforschung, Düsseldorf
Umwandlungen in warmfesten Stählen
Versuch einer Gleichgewichtsdarstellung der Karbidphasen *In Vorbereitung*

HEFT 1825
Klaus Krone, Joachim Krüger und Helmut Winterhager, Institut für Metallhüttenwesen und Elektrometallurgie der Rhein.-Westf. Technischen Hochschule Aachen
Beitrag zum Schmelzen von NiCr-Basislegierungen im Hochvakuum
Schrifttumsübersicht und vakuummetallurgische Grundlagen *In Vorbereitung*

HEFT 1826
Dr. phil. nat. Max Hempel, Max-Planck-Institut für Eisenforschung
Verformungserscheinungen an der Oberfläche biegewechselbeanspruchter austenitischer Stahlproben bei Raumtemperatur *In Vorbereitung*

Verzeichnisse der Forschungsberichte aus folgenden Gebieten können beim Verlag angefordert werden:
Acetylen/Schweißtechnik – Arbeitswissenschaft – Bau/Steine/Erden – Bergbau – Biologie – Chemie – Druck/Farbe/Papier/Photographie – Eisenverarbeitende Industrie – Elektrotechnik/Optik – Energiewirtschaft – Fahrzeugbau/Gasmotoren – Fertigung – Funktechnik/Astronomie – Gaswirtschaft – Holzbearbeitung – Hüttenwesen/Werkstoffkunde – Kunststoffe – Luftfahrt/Flugwissenschaften – Luftreinhaltung – Maschinenbau – Mathematik – Medizin/Pharmakologie – NE-Metalle – Physik – Rationalisierung – Schall/Ultraschall – Schiffahrt – Textilforschung – Turbinen – Verkehr – Wirtschaftswissenschaften.

 Springer Fachmedien Wiesbaden GmbH

If you have any concerns about our products,
you can contact us on
ProductSafety@springernature.com

In case Publisher is established outside the EU,
the EU authorized representative is:
**Springer Nature Customer Service Center GmbH
Europaplatz 3, 69115 Heidelberg, Germany**

Printed by Libri Plureos GmbH
in Hamburg, Germany